国家高技能人才培训基地系列教材
编 委 会

主　编：叶军峰

编　委：郑红辉　　黄丹凤　　苏国辉

　　　　唐保良　　李娉婷　　梁宇滔

　　　　汤伟文　　吴丽锋　　蒋　婷

国家高技能人才培训基地系列教材

可编程序
控制系统设计师

KEBIAN CHENGXU
KONGZHI XITONG SHEJISHI

主 编　江吴芳　陆志强

参 编　张　毅　肖　正　吴小聪　邹海珍

主 审　苏国辉

暨南大学出版社
JINAN UNIVERSITY PRESS

中国·广州

图书在版编目（CIP）数据

可编程序控制系统设计师/江吴芳，陆志强主编．—广州：暨南大学出版社，2016. 12
（2018. 2 重印）
（国家高技能人才培训基地系列教材）
ISBN 978 - 7 - 5668 - 1887 - 4

Ⅰ. ①可… Ⅱ. ①江…②陆… Ⅲ. ①可编程序控制器—程序设计—高等职业教育—教材 Ⅳ. ①TM571. 6

中国版本图书馆 CIP 数据核字（2016）第 149806 号

可编程序控制系统设计师
KEBIAN CHENGXU KONGZHI XITONG SHEJISHI
主编：江吴芳　陆志强

出 版 人：徐义雄
责任编辑：李倬吟
责任校对：王嘉涵
责任印制：汤慧君　周一丹

出版发行：暨南大学出版社（510630）
电　　话：总编室（8620）85221601
　　　　　营销部（8620）85225284　85228291　85228292（邮购）
传　　真：（8620）85221583（办公室）　85223774（营销部）
网　　址：http://www.jnupress.com
排　　版：广州市天河星辰文化发展部照排中心
印　　刷：虎彩印艺股份有限公司
开　　本：787mm×1092mm　1/16
印　　张：10. 75
字　　数：225 千
版　　次：2016 年 12 月第 1 版
印　　次：2018 年 2 月第 2 次
定　　价：28. 00 元

总　序

国家高技能人才培训基地项目，是适应国家、省、市产业升级和结构调整的社会经济转型需要，抓住现代制造业、现代服务业升级和繁荣文化艺术的历史机遇，积极开展社会职业培训和技术服务的一项国家级重点培养技能型人才项目。2014年，广州市轻工技师学院正式启动国家高技能人才培训基地建设项目，此项目以机电一体化、数控技术应用、旅游与酒店管理、美术设计与制作4个重点建设专业为载体，构建完善的高技能人才培训体系，形成规模化培训示范效应，提炼培训基地建设工作经验。

教材的编写是高技能人才培训体系建设及开展培训的重点建设内容，本系列教材共14本，分别如下：

机电类：《电工电子技术》《可编程序控制系统设计师》《可编程序控制器及应用》《传感器、触摸屏与变频器应用》。

制造类：《加工中心三轴及多轴加工》《数控车床及车铣复合车削中心加工》《Solid-Works 2014基础实例教程》《注射模具设计与制造》《机床维护与保养》。

商贸类：《初级调酒师》《插花技艺》《客房服务员（中级）》《餐厅服务员（高级）》。

艺术类：《广彩瓷工艺技法》。

本系列教材由广州市轻工技师学院一批专业水平高、社会培训经验丰富、课程研发能力强的骨干教师负责编写，并邀请企业、行业资深培训专家，院校专家进行专业评审。本系列教材的编写秉承学院"独具匠心"的校训精神、"崇匠务实，立心求真"的办学理念，依托校企合作平台，引入企业先进培训理念，组织骨干教师深入企业实地考察、访谈和调研，多次召开研讨会，对行业高技能人才培养模式、培养目标、职业能力和课程设置进行清晰定位，根据工作任务和工作过程设计学习情境，进行教材内容的编写，实现了培训内容与企业工作任务的对接，满足高技能人才培养、培训的需求。

本系列教材编写过程中，得到了企业、行业、院校专家的支持和指导，在此，表示衷心的感谢！教材中如有错漏之处，恳请读者指正，以便有机会修订时能进一步完善。

广州市轻工技师学院

国家高技能人才培训基地系列教材编委会

2016年10月

前　言

本书的编写遵循"以就业为导向、以能力为本位"的教育理念，立足于基于工作过程的机电一体化技术专业课程体系，打破学科体系知识内容的序号，坚持"以用促学"的指导思想，以真实项目为载体，按照工作流程对知识内容进行重构和优化。

全书以任务的完整性取代学科知识的系统性，突显课程的职业特色，引入企业设计和开发项目的模式 ADDIE，其表示 Analysis（分析）、Design（设计）、Develop（开发）、Implement（实施）、Evaluate（评估），将学生的学习过程转换为企业的工作过程。根据专业的培养目标、职业标准和可编程序控制系统设计师的大纲要求，本书以三向公司生产的气缸组装生产线为学习载体，设计了三个学习情境，主要包括供料单元、传输单元和分拣单元，另外还有针对考证的基础知识学习和模拟测试环节。每个学习情境的编写架构主要包括学习任务、学习目标、工作过程（ADDIE：分析、设计、开发、实施、评估）、自我测试四个部分。

本书由广州市轻工技师学院江吴芳、陆志强主编，张毅、肖正、吴小聪、邹海珍参编，苏国辉主审。

多年来，相关教材编写一直在进行改革和探索，以使其更适应职业教育和教学改革的需要与人才培养的要求。由于时间仓促和编者水平有限，书中难免存在不足之处，欢迎读者及同行提出意见并指正。

编　者
2016 年 10 月

目录
》》 CONTENTS

基础知识

学习任务 ≫

可编程序控制器是通用工业自动控制装置，是自动化生产线的核心技术。本模块主要完成前期知识的学习，使学生能够运用可编程序控制器的基本指令及其步进指令完成电动机简单控制的硬件、软件设计，并通过试运行完成调试。

学习目标 ≫

（1）知道基本指令的主要功能。

（2）能阐述基本指令的特点。

（3）能将电气控制图转换成 PLC 梯形图，并能切换成语句表。

（4）能编写典型工作任务的 PLC 梯形图及语句表。

（5）能进行仿真调试、故障排除及程序改进。

（6）能画出 PLC 输入/输出端口的接线图并接线，通电调试，撰写学习小结。

（7）发掘学生潜力，培养学生自主探究的学习能力。

（8）营造小组合作的学习氛围，让学生养成主动参与、勤于交流的良好习惯。

基础知识 ≫

任务 ① 认识可编程序控制器

一、PLC 的定义

可编程序控制器（简称 PLC）是以微处理器为基础，综合了 3C 技术即计算机技术、自动控制技术和通信技术而发展起来的一种通用工业自动控制装置。

为了确定 PLC 的性质，国际电工委员会于 1982 年颁布了《PLC 标准草案》第一稿，

1987 年 2 月颁布了第三稿，对 PLC 做了如下定义：PLC 是一种数字运算操作的电子系统，专为在工业环境下的应用而设计。它采用可编程的存储器，在其内部存储执行逻辑运算、顺序控制、定时、计数和算术运算等操作的指令，并通过数字式、模拟式的输入和输出，控制各种类型的机械或生产过程。

二、FX 系列 PLC 型号意义

FX 系列 PLC 的型号命名基本格式如下：

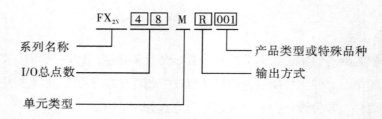

图 1-1 FX 系列 PLC 型号命名基本格式

（1）序列号：0、0S、0N、2、2C、1S、2N、2NC、3U。

（2）I/O 总点数：输入/输出的合计点数，10～256 点。

（3）单元类型：

①M——基本单元；

②E——输入/输出混合扩展单元及扩展模块；

③EX——输入专用扩展模块；

④EY——输出专用扩展模块。

（4）输出方式：

①R——继电器输出（有触点，交直流负载两用）；

②T——晶体管输出（无触点，直流负载用）；

③S——晶闸管输出（无触点，交流负载用）。

（5）特殊品种区别：

无符号：AC100/220V 电源，DC24V 输入（内部供电）；

D：DC 电源，DC 输入；

UA1：AC 电源，AC 输入。

若特殊品种一项无符号，说明通指 AC100/220V 电源，DC24V 输入（内部供电）。

例如：FX_{2N}-48MR 含义为 FX_{2N} 系列，输入/输出总点数为 48 点，继电器输出，AC100/220V 电源，DC24V 输入的基本单元。

三、PLC 的特点

PLC 以其高抗干扰能力、高可靠性、高性价比且编程简单而被广泛应用于现代自动生产设备中，担负着生产线大脑——微处理单元的角色。

PLC 是由工业专用微型计算机、输入/输出继电器、保护及抗干扰隔离电路等组成的微机控制装置。由于它具有编程的功能，且基本输入/输出端口全部使用开关量，因而完全可以替代继电器控制系统和由分立元件构成的控制系统。从应用角度来看，可编程序控制器具有如下特点：

1. 可靠性高

可编程序控制器的输入/输出端口均采用继电器或光耦合器件，即基本输入/输出端口均为开关量，同时附加隔离和抗干扰措施，具有很强的抗干扰能力，因而能在比较恶劣的环境下可靠地工作。

2. 体积小

在制造时采用了大规模集成电路和微处理器，用软件编程替代硬连线，达到了小型化，便于安装。

3. 通用性好

可编程序控制器采用了模式化结构，一般有 CPU 模块、电源模块、通信模块、PID 模块、模拟输入/输出模块等。用这些模块可以灵活地组成各种不同的控制系统。对不同的控制系统，只需选取不同的模块并设计相应的程序即可。

4. 使用方便、灵活

对于不同的控制系统，当控制对象及输入/输出硬件结构选定后，若要改变控制方式或对控制对象做一些改动，只需修改相应程序即可，无须对系统连线进行较大的修改。这样便减少了现场调试的工作量，提高了工作效率。

四、PLC 的分类

PLC 产品种类繁多，其规格和性能也各不相同。对 PLC 可以根据结构、功能的差异进行大致分类。

1. 按 I/O 点数分类

PLC 按其 I/O 点数多少一般可分为以下 3 类。

（1）小型 PLC：I/O 点数为 256 点以下，用户程序存储容量小于 8KB 的属于小型 PLC。它可以连接开关量和模拟量 I/O 模块以及其他各种特殊功能模块，具有逻辑运算、计时、计数、算术运算、数据处理和传送、通信联网等功能。如西门子公司的 S7 - 200、立石公司（欧姆龙）的 C20、三菱公司的 FX 系列等。

（2）中型 PLC：I/O 点数为 256~2 048 点的属于中型 PLC。它除了具有小型机所能实现的功能外，还具有更强大的通信联网功能、更丰富的指令系统、更大的内存容量和更快的扫描速度。如西门子公司的 S7-300 系列、立石公司的 C-500、GE 公司的 GE-Ⅲ、三菱公司的 A1S 系列等。

（3）大型 PLC：I/O 点数为 2 048 点以上的属于大型 PLC。它具有极强的软件和硬件功能、自诊断功能、通信联网功能，可以构成三级通信网，实现工厂生产管理自动化。另外，大型 PLC 还可以采用三个 CPU 构成表决式系统，使机器具有更高的可靠性。如西门子公司的 S7-400、立石公司的 C-2000、GE 公司的 GE-Ⅳ、三菱公司的 K3 等。

2. 按结构分类

根据 PLC 的结构形式，可将 PLC 分为整体式和模块式两类。

（1）整体式 PLC：如图 1-2 所示，将 CPU、I/O 单元、电源、通信等部件集成到一个机壳内的称为整体式 PLC。整体式 PLC 由不同 I/O 点数的基本单元（又称主机）和扩展单元组成。基本单元内有 CPU、I/O 接口、与 I/O 扩展单元相连的扩展口以及与编程器相连的接口；扩展单元内只有 I/O 接口和电源等，没有 CPU。基本单元和扩展单元之间一般用扁平电缆连接。它还配备特殊功能单元，如模拟量单元、位置控制单元等，使其功能得以扩展。整体式 PLC 一般都是小型机。

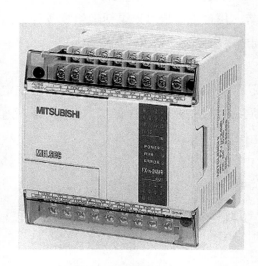

图 1-2　整体式 PLC

（2）模块式 PLC：如图 1-3 所示，模块式 PLC 是将 PLC 的每个工作单元都制成独立的模块，如 CPU 模块、I/O 模块、电源模块（有的含在 CPU 模块中）及各种功能模块。模块式 PLC 由母板（或框架）及各种模块组成。把这些模块按控制系统的需要选取后，安插到母板上，就构成了一个完整的 PLC 系统。这种模块式 PLC 的特点是配置灵活，可根据需要选配不同规模的系统，而且装配方便，便于扩展和维修。大、中型 PLC 一般采用模块式结构。例如，西门子公司的 S7 - 300 系列、S7 - 400 系列 PLC 都采用模块式结构。

图 1 - 3　模块式 PLC

3. 按功能分类

根据 PLC 所具有的功能不同，可将 PLC 分为低档、中档、高档三类。

（1）低档 PLC：具有逻辑运算、定时、计数、移位、自诊断、监控等基本功能，还可有少量的模拟量 I/O、算术运算、数据传送和比较、通信等功能。主要用于逻辑控制、顺序控制或少量模拟量控制的单机控制系统。

（2）中档 PLC：除具有低档 PLC 的功能外，还具有较强的模拟量 I/O、算术运算、数据传送和比较、数制转换、远程 I/O、子程序、通信联网等功能。有些还可增设中断控制、PID（比例、积分、微分控制）控制等功能，以适用复杂控制系统。

（3）高档 PLC：除具有中档 PLC 的功能外，还增加了带符号算术运算、矩阵运算、函数、表格、CRT 可编程控制器原理与应用显示、打印功能，通信联网功能也变得更强，可用于大规模过程控制或构成分布式网络控制系统，实现工厂自动化。一般低档机多为小型 PLC，采用整体式结构；中档机可为大、中、小型 PLC，其中小型 PLC 多采用整体式结构，中型和大型 PLC 采用模块式结构。

五、PLC 的基本组成

PLC 的类型繁多，功能和指令系统也不尽相同，但结构与工作原理则大同小异，通常由主机、存储器、输入/输出接口、电源、扩展接口和外部设备接口等几个主要部分组成。PLC 的基本组成如图 1 - 4 所示。

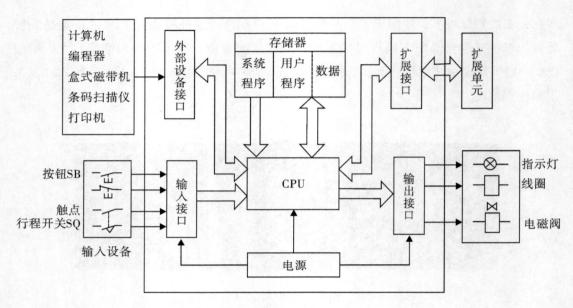

图 1-4 PLC 的基本组成

1. 中央处理器 CPU

CPU 是 PLC 的核心部件，是 PLC 进行逻辑运算及数学运算的结构部分，用于协调整个系统工作。

2. 存储器

存储器用于存放系统编程程序、监控运行程序、用户程序、逻辑和数学运算的过程变量及其他所有信息。

3. 输入/输出 (I/O) 接口

I/O 接口是连接 PLC 主机与现场输入/输出设备的桥梁。

(1) 输入接口电路：用于 PLC 接收和采集现场设备的各种输入信号（如按钮、传感器、限位开关等)，改变输入元件的状态，并参与用户程序的运算。为了减小电磁干扰，提高 PLC 工作的可靠性，输入接口一般采用光电耦合电路。

通常 PLC 的输入信号是直流、交流或交直流信号。输入电路电源可以由外部提供，有的也可以由 PLC 内部提供。采用外部电源的直流、交流输入电路如图 1-5 所示。当输入开关闭合时，其一次电路接通，发光二极管对外显示，同时光电耦合器中的发光二极管使三极管导通，信号进入内部电路。

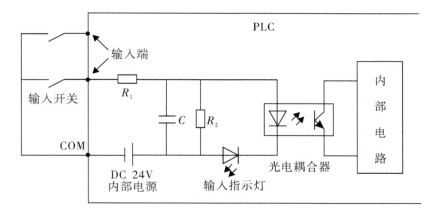

（a）直流输入接口电路

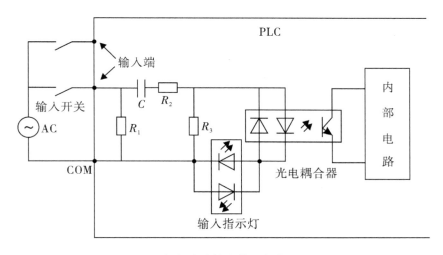

（b）交流输入接口电路

图 1 - 5　输入接口电路

（2）输出接口电路：用于 PLC 将主机处理的结果驱动显示灯、电磁阀、继电器、接触器等各种被控设备，实现电气控制。输出接口也采用光电隔离电路，一般有继电器输出、晶体管输出和晶闸管输出三种。

①继电器输出：负载电流大于 2A，响应时间为 $8 \sim 10\text{ms}$，机械寿命大于 10^6 次，可用于驱动直流或低频交流负载。内部参考电路如图 1 - 6 所示。

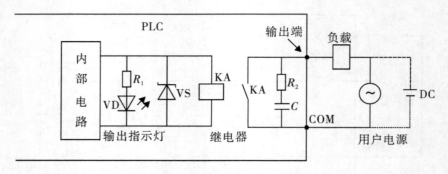

图1-6　继电器输出接口电路

②晶体管输出：负载电流约为0.5A，响应时间小于1ms，可驱动36V以下的直流负载。内部参考电路如图1-7所示。

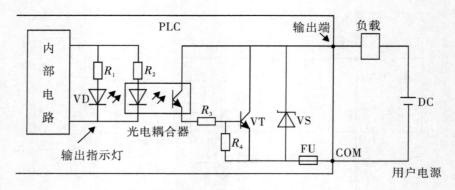

图1-7　晶体管输出接口电路

③晶闸管输出：一般采用三端双向晶闸管输出，其耐压较高，带负载能力强，只可驱动高频较大功率交流负载。内部参考电路如图1-8所示。

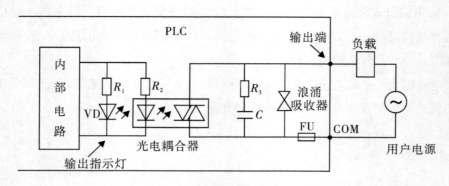

图1-8　晶闸管输出接口电路

4. 电源

PLC 内部为 CPU、存储器、I/O 接口等内部电路配备了直流开关稳压电源，同时也为各类型输入传感器提供 24V 直流电源。输入/输出回路的电源一般相互独立，以避免来自外部的干扰。

5. 扩展接口

扩展接口用于系统扩展，可连接 I/O 扩展单元、A/D 模块、D/A 模块和温度控制模块等。

6. 外部设备接口

此接口可将编程器、打印机、条码扫描仪等外部设备与主机相连，以完成相应的操作。

六、PLC 的工作原理

PLC 采用周期循环扫描的工作方式。其扫描过程如图 1-9 所示。这个过程一般包括五个阶段：内部处理、通信操作、输入处理、执行程序、输出处理。当 PLC 方式开关置于运行（RUN）时，执行所有阶段；当 PLC 方式开关置于停止（STOP）时，不执行后三个阶段，此时可进行通信操作、对 PLC 编程等。进行一次全过程扫描所需的时间称为扫描周期。

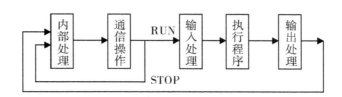

图 1-9　PLC 扫描过程

1. 内部处理

CPU 检查主机硬件和所有输入模块、输出模块，在运行模式下，还要检查用户程序存储器。如果发现异常，则停止并显示错误；如果自诊断正常，则继续向下扫描。

2. 通信操作

在通信操作阶段，CPU 会自检并处理各通信端口接收的信息，完成数据通信任务，即检查是否有计算机、编程器的通信请求，若有，则进行相应的处理。

3. 输入处理

输入处理又称为输入采样。在此阶段，PLC 首先扫描所有输入端口，依次读入所有输入状态和数据，并将它们存入输入/输出映像寄存器中的相应单元内。输入处理结束后，转入执行程序和输出处理阶段。在这两个阶段中，即使输入状态和数据发生变化，输入/输出映像寄存器中相应单元的状态和数据也不会改变。

4. 执行程序

在用户程序执行阶段，PLC 总是按由上而下的顺序依次扫描用户程序（梯形图）。当程序指令涉及输入/输出状态时，PLC 从输入映像寄存器"读入"上一阶段采集的对应输入端口的状态，从元件映像寄存器"读入"对应元件（"软继电器"）的当前状态，并进行逻辑运算，然后把逻辑运算的结果存入元件映像寄存器中。

5. 输出处理

当扫描用户程序结束后，PLC 就进入输出处理阶段。在此期间，CPU 按照输入/输出映像寄存器内对应的状态和数据刷新所有的输出锁存电路，再经输出电路驱动相应的外设。

七、FX 系列 PLC 的内部元器件及编号

FX 系列 PLC 内部的编程元器件，也就是支持该机型编程语言的软元件，分别称为继电器、定时器、计数器等，但它们与真实元件有很大区别，一般称它们为"软继电器"。一般情况下，X 代表输入继电器，Y 代表输出继电器，M 代表辅助继电器，T 代表定时器，C 代表计数器，S 代表状态寄存器，D 代表数据寄存器等。

1. 输入继电器（X）

输入继电器是 PLC 接收外部输入设备开关信号的端口，即通过输入端口将外部输入信号状态读入输入映像寄存器中。输入继电器只能由外部信号驱动，不能由程序内部指令来驱动。输入继电器的触点数在编程时没有限制，即有无数对动合和动断触点供编程使用。

FX 系列 PLC 的输入继电器采用八进制数码编号，FX_{2N} 输入继电器的编号范围为 X000 ~ X267（184 点）。例如，X000 ~ X007、X010 ~ X017、X020 ~ X027 等。

2. 输出继电器（Y）

输出继电器把 PLC 内部信号输出传送给外部负载（用户输出设备）。输出继电器线圈只能由 PLC 内部程序的指令驱动，其线圈状态传送给输出端口，再由输出端口对应的硬触点来驱动外部负载动作。它有线圈和触点，与输入继电器一样，有无数对动合和动断触点供编程使用，但在一个程序中，每个输出继电器的线圈只能使用一次。

FX 系列 PLC 的输出继电器采用八进制编号，FX_{2N} 编号范围为 Y000 ~ Y267（184 点）。例如，Y000 ~ Y007、Y010 ~ Y017、Y020 ~ Y027 等。

3. 辅助继电器（M）

辅助继电器又称为中间继电器，它没有向外的任何联系，不能直接驱动外部负载，只供内部编程使用。它的动合与动断触点同样在 PLC 内部编程时可无限次使用，但其线圈在一个程序中只能使用一次。

FX 系列 PLC 的辅助继电器采用十进制编号。

4. 定时器（T）

PLC 中的定时器相当于继电器控制系统中的通电型时间继电器，主要用于定时控制。它可以提供无限对动合和动断延时触点。FX_{2N} 系列中定时器可分为通用定时器、积算定时器两种，它们通过对一定周期的时钟脉冲进行累计而实现定时。时钟脉冲有周期为 1ms、10ms、100ms 三种，当所计数达到设定值时触点动作。设定值可用常数 K 或数据寄存器 D 的内容来设置。

5. 计数器（C）

PLC 的计数器主要用于计数控制。FX_{2N} 系列计数器分为内部计数器和高速计数器两类。

6. 状态寄存器（S）

状态寄存器用来记录系统运行中的状态，与步进顺控指令 STL 配合应用，是编制顺序控制程序的重要编程元件。

状态寄存器有五种类型：初始状态器 S0 ~ S9 共 10 点；回零状态器 S10 ~ S19 共 10 点；通用状态器 S20 ~ S499 共 480 点；具有状态断电保持的状态器 S500 ~ S899 共 400 点；供报警用的状态器（可用作外部故障诊断输出）S900 ~ S999 共 100 点。

使用状态寄存器时应注意：

（1）状态器与辅助继电器一样有无数对动合和动断触点；

（2）状态器不与步进顺控指令 STL 配合使用时，可作为辅助继电器 M 使用；

（3）FX_{2N} 系列可通过程序设定将 S0 ~ S499 设置为有断电保持功能的状态器。

7. 数据寄存器（D）

数据寄存器是计算机必不可少的元件，用于存放各种数据。PLC 在进行输入/输出处理、模拟量控制、位置控制时，需要许多数据寄存器存储数据和参数。数据寄存器有以下几种类型：

（1）通用数据寄存器（D0 ~ D199）：共 200 点。当 M8033 为 ON（OFF）时，D0 ~ D199 有（无）断电保护功能。当 PLC 停电时，数据全部清零。

（2）断电保持数据寄存器（D200 ~ D7999）：共 7 800 点，其中 D200 ~ D511（共 312 点）有断电保持功能；D490 ~ D509 供通信用；D512 ~ D7999 的断电保持功能不能用软件改变，但可用指令清除它们的内容。根据参数设定可以将 D1000 以上作为文件寄存器。

（3）特殊数据寄存器（D8000 ~ D8255）：共 256 点。特殊数据寄存器的作用是监控 PLC 的运行状态，如扫描时间、电池电压等。用户不能使用未加定义的特殊数据寄存器。

（4）变址寄存器（V/Z）：有 V0 ~ V7 和 Z0 ~ Z7 共 16 个变址寄存器，这是一种特殊用途的数据寄存器，用于改变元件的编号（变址）。变址寄存器可以像其他数据寄存器一样进行读写。

【思考】

运用基本指令编程，控制要求如下：

正/反转：正转启动，按下 SB2，正转输出继电器 Y000 通电。交流接触器 KM1 通电，电动机 M 正转运行；停止，按下 SB1，输出继电器 Y000、Y001 断电，交流接触器失电，电动机停止；反转启动，分析方法同正转启动。

任务 ❷　基本指令的使用

一、PLC 梯形图与继电器梯形图的区别

（1）在继电器电路图中，每个电器符号代表一个实际的电器或电器元件，它们之间的连线表示电器元件之间的实际接线（即硬接线）；而 PLC 梯形图表示的不是一个实际的电路，而是一个程序，图中的继电器并不是物理实体，实质是 PLC 的内部寄存器（即"软继电器"），之间的连线表示的是寄存器之间的逻辑关系（即"软接线"）。

（2）继电器电路图中的每一个电器触点都是有限的，其使用寿命也是有限的；而 PLC 梯形图中的每个符号对应的是一个内部寄存器单元，可在整个程序中多次反复地读取，即 PLC 的内部寄存器有无数对动合和动断触点供用户编程使用，且使用寿命无限制。

（3）在继电器电路图中，若要改变控制功能或增减电器及其触点，就必须修改电路，并重新安装电器元件和接线；而对于 PLC 梯形图来说，改变控制功能只需要改变控制程序即可，电器元件和接线的改动不大，极大地减少了控制板（柜）设计、安装、接线的工作量。

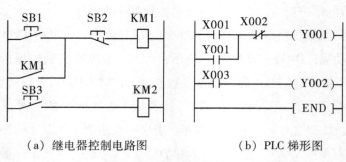

（a）继电器控制电路图　　　　（b）PLC 梯形图

图 1-10　继电器控制电路图和 PLC 梯形图比较

二、基本指令

PLC 基本指令共有 27 条，可用于编制基本逻辑控制、顺序控制等中等规模的用户程序，也是复杂综合系统的基础指令。基本指令一般由指令助记符和操作数两部分组成。助记符为指令英文的缩写，操作数表示执行指令的对象，通常为各种软元件的编号或寄存器的地址。

（一）输入／输出指令（LD/LDI/OUT）及其应用

1. LD/LDI/OUT 指令的功能、梯形图表示形式和操作元件

表 1-1　输入／输出指令（LD/LDI/OUT）的助记符和功能

助记符	功能	梯形图表示	操作元件
LD（取）	常开触点与母线相连	XYMSTC	X，Y，M，T，C，S
LDI（取反）	常闭触点与母线相连	XYMSTC	X，Y，M，T，C，S
OUT（输出）	线圈驱动	（YMSTC）	Y，M，T，C，S，F

2. LD/LDI/OUT 指令的使用说明

（1）LD 和 LDI 指令用于将常开和常闭触点接到左母线上；

（2）LD 和 LDI 在电路块分支起点处也使用；

（3）OUT 指令是针对输出继电器 Y、辅助继电器 M、状态寄存器 S、定时器 T、计数器的线圈驱动指令 C，不能用于驱动输入继电器 X，因为输入继电器的状态是由输入信号决定的。

（4）OUT 指令可多次并联使用，对于定时器的计时线圈的计数圈，使用 OUT 指令后，必须设定常数 K。K 的设定范围、实际的设定值、相对于 OUT 指令的程序步数（包含设定值），如图 1-11 所示。

3. LD/LDI/OUT 指令的使用例子

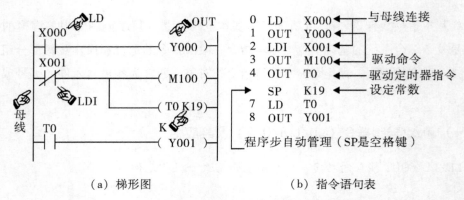

（a）梯形图　　　　　（b）指令语句表

图 1 - 11　LD/LDI/OUT 指令的使用例子

4. 例题解释

如图 1 - 11 的梯形图与指令表所示：

（1）当 X000 接通时，Y000 接通；

（2）当 X001 断开时，M100 接通，同时接通 T0，定时常数为 19 秒；

（3）当 T0 接通时，Y001 接通。

（二）触点串联指令（AND/ANI）及其应用

1. AND/ANI 指令的功能、梯形图表示形式和操作元件

表 1 - 2　触点串联指令（AND/ANI）的助记符和功能

助记符	功能	梯形图表示	操作元件
AND （与）	常开触点串联连接	XYMSTC	X, Y, M, T, C, S
ANI （与非）	常闭触点串联连接	XYMSTC	X, Y, M, T, C, S

2. AND/ANI 指令的使用说明

AND/ANI 指令可串联连接触点，数量不受限制，可连续使用。

3. AND/ANI 指令的使用例子

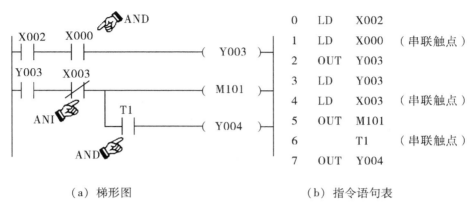

（a）梯形图　　　　　　　　　（b）指令语句表

图 1 – 12　AND/ANI 指令的使用例子

4. 例题解释

如图 1 – 12 的梯形图与指令表所示：

（1）当 X002 接通、X000 接通时，Y003 接通；

（2）当 Y003 自锁接通时，X003 断开时，M101 接通；

（3）当 T1 接通时，Y004 接通。

（三）触点并联指令（OR/ORI）及其应用

1. OR/ORI 指令的功能、梯形图表示形式和操作元件

表 1 – 3　触点并联指令（OR/ORI）的助记符和功能

助记符	功能	梯形图表示	操作元件
OR （或）	常开触点并联连接	XYMSTC	X，Y，M，T，C，S
ORI （或非）	常闭触点并联连接	XYMSTC	X，Y，M，T，C，S

2. OR/ORI 指令的使用说明

（1）OR/ORI 指令用作触点的并联连接指令；

（2）OR/ORI 指令可以连续使用，并且不受使用次数的限制；

（3）OR/ORI 指令是从该指令的步开始，与 LD/LDI 指令步进行并联连接。

3. OR/ORI 指令的使用例子

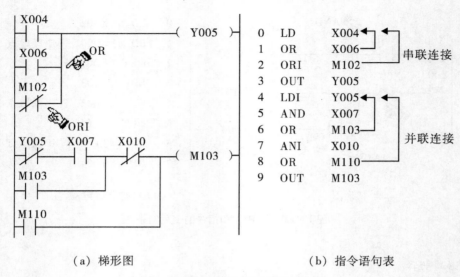

（a）梯形图 　　　　　　　　　　（b）指令语句表

图 1 - 13　OR/ORI 指令的使用例子

4. 例题解释

如图 1 - 13 的梯形图与指令表所示：

（1）当 X004 或 X006 接通，或 M102 断开时，Y005 接通。

（2）当 X005 断开与 X007 接通，同时 X010 断开时，M103 接通；或 M103 接通，同时 X010 断开时，M103 接通；或 M110 接通时，M103 接通。

（四）结束指令 END 及其应用

END 指令表示程序结束，没有操作数。其功能、梯形图表示形式及操作元件如表 1 - 4 所示。

表 1 - 4　结束指令（END）的助记符和功能

助记符	功能	梯形图表示	操作元件
END（结束）	程序结束，输入/输出处理以及返回到 0 步	⊢————————⊣ END ⊢⊢	无

END 指令使用说明如图 1 – 14 所示：

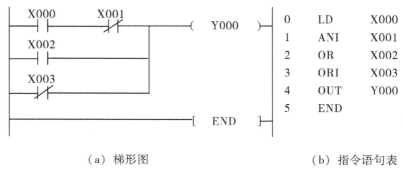

（a）梯形图 （b）指令语句表

图 1 – 14 END 指令的使用例子

如果在程序最后写入 END 指令，则 END 指令以后的程序不再执行，直接输出处理。在程序调试时，按段插入 END 指令，可以提高调试速度。检查完毕，应依次删除 END 指令。

（五）SET 置位指令、RST 复位指令

1. SET 指令（置位指令）

SET 指令的功能是使动作保持，相当于继电器系统的自锁功能。操作数：输出继电器 Y、辅助继电器 M、状态寄存器 S。

SET 指令称为置 1 指令：功能为驱动线圈输出，使动作保持，具有自锁功能。

2. RST 指令（复位指令）

RST 称为复 0 指令。其功能是消除动作保持，使当前值及寄存器清零。操作数：输出继电器 Y、辅助继电器 M、积算定时器 T、计数器 C、状态寄存器 S、变址寄存器 V/Z、数据寄存器 D。

SET 指令和 RST 指令的使用说明，如图 1 – 15 所示。

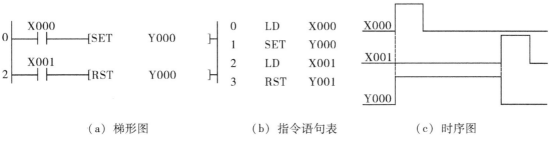

（a）梯形图 （b）指令语句表 （c）时序图

图 1 – 15 SET/RST 指令的使用例子

3. 例题解释

（1）当 X000 接通时，Y000 接通并自保持接通。

（2）当 X001 接通时，Y000 清除保持。

4. 指令说明

（1）在上述程序中，X000 如果接通，即使断开，Y000 也保持接通；X001 如果接通，即使断开，Y000 也不接通。

（2）用 SET 指令使软元件接通后，必须用 RST 指令才能使其断开。

（3）如果二者对同一软元件操作的执行条件同时满足，则复 0 优先。

（4）对数据寄存器 D、变址寄存器 V 和 Z 的内容清零时，也可使用 RST 指令。

（5）积算定时器 T63 的当前值复 0 和触点复位也可用 RST。

（六）PLS 指令和 PLF 指令

1. PLS 指令（上升沿脉冲指令）

其功能是：在输入信号的上升沿产生脉冲输出，也叫上升沿微分输出指令。操作数：输出继电器 Y、辅助继电器 M（特殊辅助继电器除外）。

2. PLF 指令（下降沿脉冲指令）

其功能是：在输入信号的下降沿产生脉冲输出，也叫下降沿微分输出指令。操作数：输出继电器 Y、辅助继电器 M（特殊辅助继电器除外）。

PLS 指令和 PLF 指令的使用例子，如图 1－16 所示。

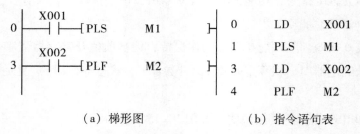

（a）梯形图　　　　　（b）指令语句表

图 1－16　PLS/PLF 指令的使用例子

使用 PLS 指令，操作数 Y、M 仅在驱动输入接通后的一个扫描周期内动作并置 1。使用 PLF 指令，操作数 Y、M 仅在驱动输入断开后的一个扫描周期内动作。

PLS 指令和 PLF 指令可以得到脉宽为一个扫描周期的单脉冲，如果要产生脉宽为一个扫描周期的连续脉冲则可采用如图 1－17 所示的程序。M0 线圈得电时间为一个扫描周期。如图 1－18 所示的程序是利用定时器 T0 产生一个周期可调节的连续脉冲。T0 线圈得电时间为 10 秒。

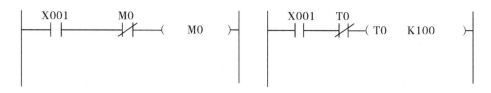

图 1-17 一个扫描周期的单脉冲梯形图　　　图 1-18 周期可调节的连续脉冲梯形图

（七）NOP 指令

NOP 指令是一条空操作指令，用于程序的修改，其无操作数。用 NOP 指令取代已写入的指令，可以改变电路。执行程序全清操作后，全部指令都变成 NOP。

任务 3 步进指令的使用

一、顺序控制及状态转移图

在学习了 PLC 的一些基本编程之后，用基本逻辑指令做一些顺序控制，特别是在做较为复杂的顺序控制时，不够直观。因此，PLC 厂家开发了专门用于顺序控制的指令，在三菱 FX 系列中为 STL、RET 一组指令，从而使得顺序控制变得直观简单。

PLC 是典型的开环顺序控制系统。我们在日常生活和工业生产中常常要求机器设备能实现某种顺序控制功能，即要求机器能够按照某种预先规定的顺序及各种环境输入信号来自动实现所期望的动作。比如一个配料系统，我们可能对其运转提出以下要求：

（1）先装入原料 A，直到液面配料桶容积的一半；

（2）再装入原料 B，直到液面配料桶容积的 75%；

（3）然后开始持续搅拌 20 秒；

（4）最后停止搅拌，开启出料阀，直到液位低于配料桶的 5%；

（5）再延时 2 秒，最后关闭出料阀；

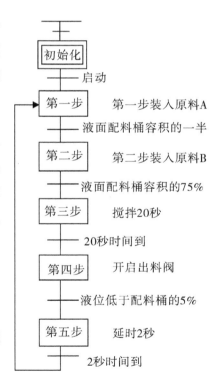

图 1-19 配料系统运转状态转移图

（6）以上过程反复进行。

由此可见，顺序控制系统中的动作存在确定的先后关系，即顺序，且后面的动作必须根据前面的动作来确定。本任务主要介绍其指令及编程方法。

根据状态转移图 1 – 19，采用步进指令可对复杂的顺序控制进行编程。为了灵活地运用步进指令，我们在此应对顺序控制和状态转移图的概念加强了解。

二、顺序控制

所谓顺序控制，就是按照生产工艺所要求的动作规律，在各个输入信号的作用下，根据内部的状态和时间顺序，使生产过程的各个执行机构自动地、有秩序地进行操作。

在顺序控制中，生产过程是按顺序、有秩序地连续工作。因此，可以将一个较复杂的生产过程分解成若干步骤，每一步对应生产过程中的一个控制任务，即一个工步或一个状态。每个工步往下进行都需要一定的条件，也需要一定的方向，这就是转移条件和转移方向。

三、状态继电器

在状态转移图中，每个状态都分别采用连续的、不同的状态继电器表示。FX$_{2N}$ 系列 PLC 的状态继电器的分类、编号、数量及功能如表 1 – 5 所示。

表 1 – 5　FX$_{2N}$ 系列 PLC 的状态继电器的分类、编号、数量及功能

序号	分类	编号	说明
1	初始状态	S0 ~ S9	步进程序开始时使用
2	回原点状态	S10 ~ S19	系统返回原始位置时使用
3	通用状态	S20 ~ S499	实现顺序控制的各个工步时使用
4	断电保持状态	S500 ~ S899	具有断电保持功能
5	外部故障诊断	S900 ~ S999	进行外部故障诊断时使用

在用状态转移图编写程序时，状态继电器可以按顺序连续使用。但是状态继电器的编号要在指定的类别范围内选用；各状态继电器的触点可自由使用，且使用次数无限制；在不用状态继电器进行状态转移图编程时，状态继电器可作为辅助继电器使用，用法和辅助继电器相同。

四、状态转移图的设计法

新一代的 PLC 编程设计除了采用梯形图编程外，还采用适合顺序控制的标准化 SFC 语言编程，也叫 SFC 语言的状态转移图设计法，它实质上就是步进控制。它把整个系统分成几个时间段，在这段时间里可以有一个输出，也可以有多个输出，但它们各自的状态不变。一旦有一个变化，系统即转入下一个状态。给每一个时间段设定一个状态器（步进接点），利用这些状态器的组合控制输出。例如，工作台自动往复控制系统如图 1-20 所示，我们可以画出它的状态转移图，编写工作台自动往复控制程序。要求：正反转启动信号 SB0、SB1，停车信号 SB2，左右限位开关 SQ1、SQ2，左右极限保护开关 SQ3、SQ4，输出信号 Y0、Y1。具有电气互锁和机械互锁功能。

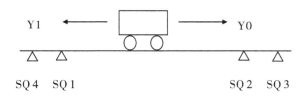

图 1-20 工作台自动往复控制系统工作示意图

1. 状态转移图

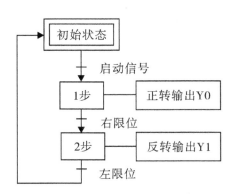

图 1-21 工作台自动往复控制系统状态转移图

2. 状态转移图的组成

任何一个顺序控制过程都可分解为若干步骤，每一工步就是控制过程中的一个状态，所以顺序控制的动作流程图也称为状态转移图。状态转移图就是用状态（工步）来描述控制过程的流程图。

在状态转移图中，一个完整的状态必须包括：

（1）该状态的控制元件；

（2）该状态所驱动的对象；

（3）向下一个状态转移的条件；

（4）明确的转移方向。

状态转移的实现，必须满足两个方面的条件：一是转移条件必须成立，二是前一步当前正在进行。二者缺一不可，否则程序的执行在某些情况下就会混乱。

3. 画状态转移图的一般步骤

（1）分析控制要求和工艺流程，确定状态转移图的结构（复杂系统需要）。

（2）将工艺流程分解为若干步，每一步表示一稳定状态。

（3）确定步与步之间的转移条件及其关系。

（4）确定初始状态（可用输出或状态器）。

（5）解决循环及正常停车问题。

（6）急停信号的处理。

五、步进顺序控制指令

我们知道每一个状态都有一个控制元件来控制该状态是否动作，保证在顺序控制过程中，生产过程有秩序地按步进行，所以顺序控制也称为步进控制。FX_{2N}采用状态寄存器作为控制元件，并且只利用其常开触点来控制步动作。控制状态的常开触点称为步进接点，在梯形图中用符号 ——[STL S0] 表示。

当利用 SET 指令将状态继电器置 1 时，步进接点闭合。此时，顺序控制就进入该步进接点所控制的状态。当转移条件满足时，利用 SET 指令将下一个状态控制元件（即状态寄存器）置 1 后，上一个状态寄存器（上一工步）自动复位，而不必采用 RST 指令复位。用梯形图表示，如图 1 – 22（b）：

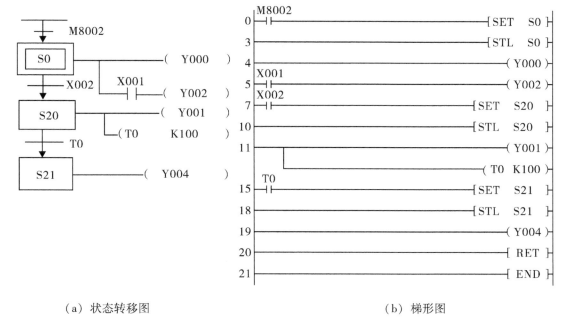

（a）状态转移图　　　　　　　　　　　　　（b）梯形图

图 1 - 22　步进顺序控制指令使用状态转移图和梯形图

状态转移图用梯形图表示的方法：

（1）控制元件：梯形图中画出状态寄存器的步进接点；

（2）状态所驱动的对象：依照状态转移图画出；

（3）转移条件：转移条件用来 SET 下一个步进接点；

（4）转移方向：往哪个方向转移，就是 SET 置 1 的步进接点控制元件。

六、步进指令 STL、RET

1. STL 指令与 RET 指令

STL 指令称为步进接点指令。其功能是将步进接点接到左母线。

格式：├──── [STL　S0]

操作元件：状态寄存器 S。

RET 指令称为步进返回指令。其功能是使临时左母线回到原来左母线的位置。

格式：

```
├────────[ STL  S21 ]
├────────( Y004 )
└──────[ RET ]
```

操作元件：无。

程序举例：

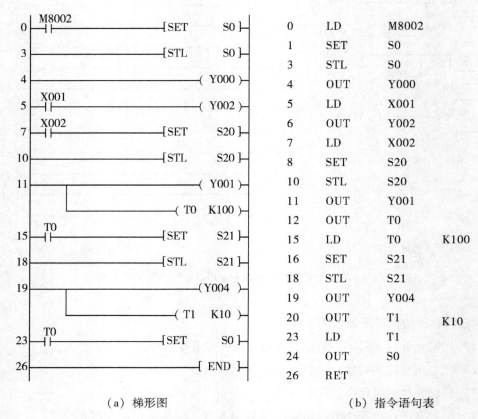

0	LD	M8002	
1	SET	S0	
3	STL	S0	
4	OUT	Y000	
5	LD	X001	
6	OUT	Y002	
7	LD	X002	
8	SET	S20	
10	STL	S20	
11	OUT	Y001	
12	OUT	T0	
15	LD	T0	K100
16	SET	S21	
18	STL	S21	
19	OUT	Y004	
20	OUT	T1	K10
23	LD	T1	
24	OUT	S0	
26	RET		

（a）梯形图   （b）指令语句表

图 1 - 23　步进指令 STL、RET 使用梯形图和指令语句表

步进接点只有常开触点，没有常闭触点。步进接通需要 SET 指令进行置 1，步进接点闭合，将左母线移动到临时左母线，与临时左母线相连的触点用 LD/LDI 指令，如图 1 - 23。在每条步进指令后不必都加一条 RET 指令，只需在连续的一系列步进指令的最后一条临时左母线后接一条 RET 指令返回原左母线，且必须有这条指令。

2. 指令说明

（1）步进接点与左母线相连时，具有主控和跳转作用。

（2）状态寄存器 S 只有在使用 SET 指令后才具有步进控制功能，提供步进接点。

（3）在状态转移图中，会出现在一个扫描周期内两个或两个以上状态同时动作的可能，因此在相邻的步进接点必须有联锁措施。

（4）状态寄存器在状态转移图中使用不仅可以按编号顺序，也可以按任意顺序，建议按编号顺序使用。

（5）状态寄存器可作辅助继电器使用，与辅助继电器 M 用法相同。

（6）步进接点后的电路中不允许使用 MC/MCR 指令。

（7）在状态内，不能从 STL 临时左母线位置直接使用 MPS/MRD/MPP 指令。

七、步进指令的应用示例

1. 状态的动作与输出的重复使用

（1）状态的地址号不能重复使用；

（2）如果 STL 触点接通，则与其相连的电路动作；如果 STL 触点断开，则与其相连的电路停止动作。

（3）如图 1-24 所示，在不同的步之间可给同一软元件编程，相邻状态除外。

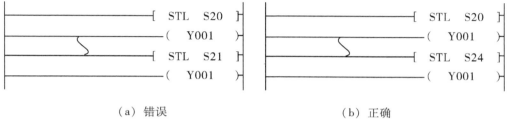

（a）错误   （b）正确

图 1-24 不同的步之间使用同一软元件编程示例

2. 输出的联锁

在状态转移过程中，仅在瞬间（一个扫描周期）两个状态会出现同时动作的可能。因此，在两个状态中不允许同时动作的负载之间必须有联锁措施，如图 1-25（a）所示。

3. 定时器的重复使用

定时器线圈与输出线圈一样，也可对在不同状态的同一软元件编程，但是在相邻的状态中不能编程。如果在相邻的状态下编程，则步进状态转移时定时器线圈不断开，当前值不能复位；如果不是相邻的两个状态，则可以使用同一个定时器，如图 1-25（b）所示。

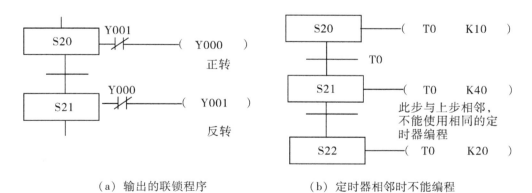

（a）输出的联锁程序   （b）定时器相邻时不能编程

图 1-25 输出联锁与定时器重复使用的示例

单流程：没有分支的状态转移图称为单流程。

有一个机械动作如图 1 – 26 所示：

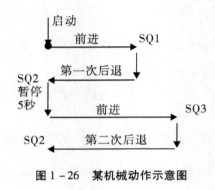

图 1 – 26　某机械动作示意图

①按下启动按钮，台车前进，一直到限位开关 SQ1 动作，台车后退。

②台车后退时，直到限位开关 SQ2 动作，停 5 秒后再前进，直到限位开关 SQ3 动作，台车后退。

③不久限位开关 SQ2 再动作，这时驱动台车的电机停止。

分析：图中给出了台车机械动作的过程，分作两次前进和后退，进程长度不一样。

（1）I/O 分配。

表 1 – 6　I/O 分配表

输入		输出	
启动按钮	X0	前进	Y0
停止按钮	X1	后退	Y1
开关 SQ1	X2		
开关 SQ2	X3		
开关 SQ3	X4		

（2）画出 PLC 接线图。

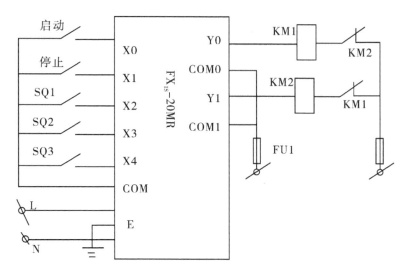

图 1 - 27　PLC 接线图

（3）状态转移图、梯形图及指令程序。

图 1 - 28 为某一简单流程的状态转移图。其中，用双线框表示初始状态，其他状态元件用单线框表示，方框之间的线段表示状态转移的方向，一般由上至下或由左至右，线段间的短横线表示转移的条件，与方框连接的横线和线圈表示状态驱动的负载。

图中的初始状态 S0 由 M8002 驱动，当 PLC 由 STOP→RUN 切换时，初始化脉冲使 S0 置 1，当按下启动按钮 X000 时，状态转移到 S20，S20 置 1，同时 S0 复位至 0，S20 立即驱动 Y000；当转移条件 X002 接通时，状态从 S20 转移到 S21，使 S21 置 1，而 S20 则在下一执行周期自动复位至 0，Y000 线圈也就断电了。当 S21 置 1 时，驱动线圈 Y001。同理，当 X003 接通，状态转移到 S22，驱动 T0；当 T0 接通，状态转移到 S23，驱动 Y000；当 X004 接通，状态转移到 S24，驱动 Y001；当 X003 接通，状态转移到 S0，使初始化状态 S0 又置位，控制过程循环动作。

将状态转移图和步进顺序控制指令相结合，形成步进顺控图，进而再写成指令表。

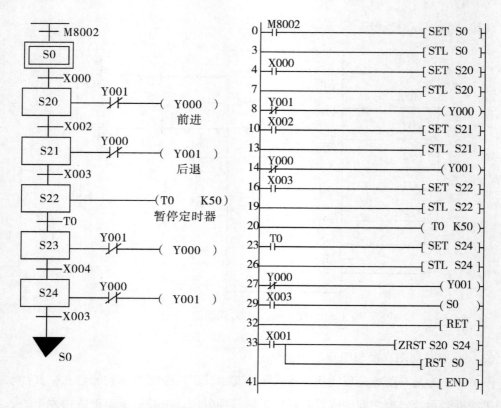

图 1-28 某一简单流程的状态转移图　　　　图 1-29 某一简单流程的梯形图

0	LD	M8002	20	OUT	T0	K50
1	SET	S0	23	LD	T0	
3	STL	S0	24	SET	S23	
4	LD	X000	26	STL	S23	
5	SET	S20	27	LDI	Y001	
7	STL	S20	28	OUT	Y000	
8	LDI	Y001	29	LD	X004	
9	OUT	Y000	30	SET	S24	
10	LD	X002	32	STL	S24	
11	SET	S21	33	LDI	Y000	
13	STL	S21	34	OUT	Y001	
14	LDI	Y000	35	LD	X003	
15	OUT	Y001	36	OUT	S0	
16	LD	X003	38	RET		
17	SET	S22	39	END		
19	STL	S22				

图 1-30 某一简单流程的指令程序

【思考】

运用步进指令编程，控制要求如下：

Y-△降压启动：按下 SB1，电动机Y启动，5s 后自动转为△运行，按停止按钮，电动机断电停机。

学习小结

（1）PLC 控制应用在开关量顺序控制、模拟量过程控制、运动控制、数据处理、通信功能等方面。

（2）PLC 硬件主要由 CPU、存储器、输入/输出接口、电源、扩展接口和外部设备接口等几个主要部分组成。输入接口一般采用光电耦合电路，用于接收和采集现场设备的各种输入信号（如按钮、传感器、限位开关等）。输出接口采用光电隔离电路，用于驱动显示灯、电磁阀、继电器、接触器等各种被控设备，实现电气控制。一般有继电器输出、晶体管输出和晶闸管输出三种。

（3）PLC 采用周期循环扫描的工作方式，其扫描过程一般包括五个阶段：内部处理、通信操作、输入处理、执行程序、输出处理。

（4）三菱 FX 系列 PLC 内部的编程元器件有输入继电器（X）、输出继电器（Y）、辅助继电器（M）、定时器（T）、计数器（C）、状态寄存器（S）、数据寄存器（D）。

（5）状态流程图是使用状态来描述控制任务或过程的流程图。它包括状态的控制元件、状态所驱动的对象、向下一个状态转移的条件、明确的转移方向。

（6）三菱 PLC 的步进顺序控制指令：步进接点指令（STL）、步进返回指令（RET）。

【思考与练习】

（1）说明 FX_{2N} – 40MR 型 PLC 为何种输出形式，输入、输出点数各是多少。

（2）简述 PLC 完整的工作过程。

（3）有一状态流程图如图 1 – 31 所示，试将其转换为梯形图及指令语句。

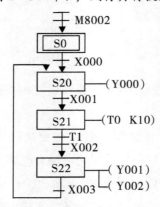

图 1 – 31　状态流程图

模块 1 工作页

学习任务

　　可编程序控制器是通用工业自动控制装置，是自动化生产线的核心技术。本模块主要完成前期知识的学习，使学生能够运用可编程序控制器的基本指令及其步进指令完成电动机简单控制的硬件、软件设计，并通过试运行完成调试。

学习目标

　　（1）知道基本指令的主要功能。

　　（2）能阐述基本指令的特点。

　　（3）能将电气控制图转换成 PLC 梯形图，并能切换成语句表。

　　（4）能编写典型工作任务的 PLC 梯形图及语句表。

　　（5）能进行仿真调试、故障排除及程序改进。

　　（6）能画出 PLC 输入/输出端口的接线图并接线，通电调试，撰写学习小结。

　　（7）发掘学生潜力，培养学生自主探究的学习能力。

　　（8）营造小组合作的学习氛围，让学生养成主动参与、勤于交流的良好习惯。

工作过程

【A 分析】——分析任务，明确要求

　　根据任务要求，画出系统 I/O 分配表。

　　正/反转：正转启动，按下 SB2，正转输出继电器 Y000 通电。交流接触器 KM1 通电，电动机 M 正转运行；停止，按下 SB1，输出继电器 Y000、Y001 断电，交流接触器失电，电动机停止；反转启动，分析方法同正转启动。

【D 设计】——硬件电路

根据【A 分析】阶段确定的输入/输出，绘制 PLC 接线图。

【D 开发】——程序设计

根据【D 设计】阶段完成的硬件电路，开发程序。

【I 实施】——整机调试

将程序下载到设备中试运行，并填写工作记录表。

序号	项目内容	运行情况	异常记录
1	开机		
2	下载程序		
3	指示灯显示		
4	运行情况		
5	程序修改次数		

【E 评估】——反馈

考核项目	参考内容	考核人员	考核结果	备注
工作技能（60%）	硬件电路接线是否正确	教师		
	程序流程图绘制是否正确	组长		
	GX 软件操作是否熟练	组长		
	PLC 与电脑通信设置	组长		
	整机上电调试操作是否熟练	教师		
工作表现（20%）	操作时间 （起：　　　止：　　　）	组长		
	无特殊原因未能及时完成任务或者拖延进度，该项为"差"	组长		
	按时完成任务者，结合工作质量，表现好的给予相应的奖励（如用时短、程序短）	教师		
	服从工作安排、积极参与讨论，提出建议以解决问题	组长		
	迟到、早退，未经批准离开工作岗位，未带学习用品，未按要求穿着工作服，本项分数为 0 分	组长		

（续上表）

考核项目	参考内容	考核人员	考核结果	备注
9S 管理 （20%）	1. 仪器、工具摆放凌乱扣 2 分 2. 借用工具不归还扣 5 分，造成损坏或遗失的作相应赔偿 3. 没有保持桌面、地面整洁扣 2 分 4. 实训完成后没有对工作场地进行清扫扣 2 分 5. 带电违规操作（不包括调试和电流测量）扣 2 分 6. 乱摔焊锡扣 1 分 7. 电烙铁烫坏仪器、操作台等扣 5 分 8. 在实训过程中打闹扣 5 分 9. 没有节约使用耗材，浪费导线、焊锡等扣 2 分 10. 没按规定操作，发生重大安全事故扣 10 分，并视事故后果追究相关责任和赔偿	组长		

【自我测试】

一、完成可编程序控制器基础知识

（一）选择题

1. 可编程序控制器是一种数字运算操作的电子系统，专为在工业环境下应用而设计的（　　）。

　　A. 专用计算机　　　B. 专用运算器　　　C. 专用编程器　　　D. 顺序控制器

2. PLC 主要由（　　）、存储器、输入/输出接口、电源部分、扩展接口和外部设备接口组成。

　　A. CPU　　　　　　B. UPS　　　　　　C. ROM　　　　　　D. RAM

3. 下面不属于 PLC 特点的是（　　）。

　　A. 可靠性高　　　B. 编程方便　　　C. 抗干扰性强　　　D. 价格便宜

4. PLC 要求工作环境温度为（　　）。

　　A. $-10^\circ\text{C} \sim 50^\circ\text{C}$　　B. $-5^\circ\text{C} \sim 55^\circ\text{C}$　　C. $0^\circ\text{C} \sim 50^\circ\text{C}$　　D. $0^\circ\text{C} \sim 55^\circ\text{C}$

5. PLC 一般只能处理(　　)。

　　A. 开关量　　　　　B. 模拟量　　　　　C. 数字量　　　　　D. 数码

6. PLC 的软元件，实际上是由电子电路和(　　)组成。

　　A. 软继电器　　　　B. 映像寄存器　　　C. 存储器　　　　　D. 硬继电器

7. PLC 中停电时丢失数据的存储器是(　　)。

　　A. RAM　　　　　　B. ROM　　　　　　C. EPROM　　　　　D. EEPROM

8. PLC 系统中反馈信号一般应算作(　　)。

　　A. 输入点　　　　　　　　　　　　　　B. 输出点

　　C. 输入点与输出点都可以　　　　　　　D. 输入点与输出点都不可以

9. 反馈信号应接入 PLC 的(　　)。

　　A. 输入端　　　　　　　　　　　　　　B. 输出端

　　C. 输入端或输出端　　　　　　　　　　D. 特殊接口

10. 在干扰较强或对可靠性要求较高的 PLC 系统中，可以在 PLC 的交流电源输入端(　　)。

　　A. 加接带屏蔽层的隔离变压器和低通滤波器　　　B. 独立接地

　　C. 加接屏蔽线　　　　　　　　　　　　　　　　D. 加接高端滤波器

11. PLC 的一输出继电器控制的接触器不动作，检查发现对应的继电器指示灯亮。下列对故障的分析不正确的是(　　)。

　　A. 接触器故障　　　　　　　　　　　　B. 端子接触不良

　　C. 输出继电器故障　　　　　　　　　　D. 软件故障

12. 若驱动负载为直流，而且动作频繁，应选开关量输出模块为(　　)。

　　A. 继电器型　　　　　　　　　　　　　B. 双向晶闸管型

　　C. 晶体管型　　　　　　　　　　　　　D. 晶闸管型

13. FX_{2N} 系列 PLC 的输入、输出继电器元件编号采用(　　)。

　　A. 二进制　　　　　B. 八进制　　　　　C. 十进制　　　　　D. 十六制

14. 为了防止干扰，PLC 输入电路一般由光电耦合电路进行电气隔离。光电耦合器由发光二极管和(　　)组成。

　　A. 发光晶体管　　　B. 红外晶体管　　　C. 光敏晶体管　　　D. 热敏晶体管

15. PLC 数字电路输入信号模式中，直流输入电压一般为(　　)V。

　　A. 24　　　　　　　B. 36　　　　　　　C. 48　　　　　　　D. 5

16. 一台 60 点的 PLC 单元，其输出继电器点数为 24 点，则输入继电器为(　　)点。

　　A. 16　　　　　　　B. 24　　　　　　　C. 36　　　　　　　D. 48

17. 有一自动控制系统，经统计，有 64 个输入点、50 个输出点，现选用三菱 PLC，最恰当的选择是(　　)。

    A. $FX_{2N} - 128MR$

    B. $FX_{2N} - 64MR$ 扩展 $FX_{2N} - 64ER$

    C. $FX_{2N} - 80MR$ 扩展 $FX_{2N} - 48ER$

    D. $FX_{2N} - 80MR$ 扩展 $FX_{2N} - 32EX$，$FX_{2N} - 32EYR$

18. PLC 的工作原理，概括而言，PLC 是按集中输出，周期性(　　)的方式进行工作的。

    A. 并行扫描   B. 循环扫描   C. 一次扫描   D. 多次扫描

19. PLC 的扫描周期等于(　　)。

    A. 用户程序执行时间

    B. 输入采样时间 + 用户程序执行时间

    C. 用户程序执行时间 + 输出刷新时间

    D. 输入采样时间 + 用户程序执行时间 + 输出刷新时间

20. PLC 软件由(　　)和用户程序组成。

    A. 输入/输出程序   B. 编译程序   C. 监控程序   D. 系统程序

21. PLC 硬件结构由 (　　)、存储器、输入/输出单元和接口电路组成。

    A. PLC   B. CPU   C. MPS   D. ROM

22. PLC 的可靠性很高，如果出现故障，借助 PLC 的(　　)可以方便地找到出现故障的部件，更换它后就可以恢复正常工作。

    A. 运行程序   B. 故障处理程序   C. 用户程序   D. 自诊断程序

23. PLC 有(　　)等寻址方式。

    A. 直接寻址   B. 位寻址

    C. 间接寻址   D. 直接寻址和间接寻址

24. FX 系列 PLC 中 T100 是(　　)。

    A. 计数器   B. 高速计数器   C. 定时器   D. 辅助继电器

25. FX 系列 PLC，1 分钟的时钟继电器为(　　)。

    A. M8012   B. M8013   C. M8014   D. M8015

26. 高速计数的选择并不是任务型的，它取决于(　　)。

    A. 所需计数器的类型   B. 高速输入的端子

    C. 所需计数器的类型和高速输入的端子 D. PLC 类型

27. PLC 内部元件触点的使用次数为(　　)。

    A. 1 次   B. 10 次   C. 100 次   D. 无限次

28. FX 系列 PLC 的变址寄存器在传送、比较指令中用来(　　)。

  A. 改变寄存器地址   B. 修改操作对象的元件号

  C. 改变寄存器内部数据   D. 改变寄存器数据长度

29. 位元件组合的主要作用是(　　)。

  A. 灵活处理数字数据   B. 处理位元件排列顺序

  C. 处理 ON/OFF 状态的元件   D. 处理字元件

30. (　　)模块的功能是把标准的电压、电流信号转换成相应的数字量传送到 PLC 中去。

  A. A/D   B. D/A   C. A/B   D. B/A

31. 计算机向 PLC 输送程序，应使 PLC 运行开关置于(　　)位置，以便程序的写入。

  A. ON   B. OFF   C. RUN   D. RESET

32. 使用 SWOPC – FXGP/WIN – C 编程软件，把计算机程序输入 PLC 时，一般使用(　　)菜单。

  A. 编辑   B. 工具   C. PLC   D. 选项

33. 使用 GX Developer 编程软件把梯形图转为 SFC 程序，一般使用(　　)菜单。

  A. 工程   B. 编辑   C. 替换   D. 选项

34. PLC 在调试进程中需要某些位元件处于 ON 或 OFF 状态，以便观察程序的反应。如果使用 SWOPC – FXGP/WIN – C 编程软件，可以通过(　　)菜单中的强制 ON/OFF 命令实现。

  A. 工具   B. 遥控   C. 监控/测试   D. PLC

35. 顺序控制指令的操作对象为(　　)。

  A. 输入继电器   B. 输出继电器   C. 状态继电器   D. 辅助继电器

36. 步进顺控指令的操作对象为(　　)。

  A. 输入继电器   B. 输出继电器   C. 状态继电器   D. 辅助继电器

37. 在状态转移图中，向相邻的状态转移，可以使用(　　)指令。

  A. OUT   B. SET 或 OUT   C. SET   D. MOV

38. PLC 的状态继电器应具有(　　)等要素，只有很好地理解这些要素，才能运用状态编程思想，设计出正确的状态转移图。

  A. 负载驱动，转移目标

  B. 特殊的常开触点，驱动负载

  C. 负载驱动，状态转移条件和转移方向

  D. 可被激活的触点和触点的返回、转移

39. 选择性分支流程的状态转移用的编程原则，应该(　　)。

  A. 严格按流程顺序编程

B. 分别按各分支顺序独立编程

C. 先集中进行分支状态处理，再集中进行汇合状态处理

D. 先进行汇合状态处理，再进行分支状态处理

40. 选择性分支状态转移的编程原则是(　　　)。

A. 顺序进行分支状态处理和汇合状态处理

B. 同时进行分支状态处理和汇合状态处理

C. 先进行分支状态处理，再进行汇合状态处理

D. 先进行汇合状态处理，再进行分支状态处理

41. IEC 61131 - 3 标准详细地说明了句法、语法和(　　　)种编程的表达方式。

A. 2　　　　　　　　B. 3　　　　　　　　C. 4　　　　　　　　D. 5

42. IEC 标准的 5 种编程语言中，属于图形语言的有(　　　)。

A. 梯形图和结构文本　　　　　　　　B. 梯形图和功能块图

C. 功能块图和顺序功能图　　　　　　D. 梯形图、顺序功能图和功能块图

43. 梯形图的一条编程规则就是要把(　　　)电路尽量靠近母线。

A. 串联多的　　　B. 并联多的　　　C. 单个触点　　　D. 逻辑

44. PLC 程序中的手动程序和自动程序必须(　　　)。

A. 自锁　　　　　B. 联锁　　　　　C. 互锁　　　　D. 独立、互不干扰

45. PLC 程序中电机的正反转控制除程序需要(　　　)外，还需要控制继电器的联锁。

A. 自锁　　　　　B. 互锁　　　　　C. 保持　　　　D. 联动

46. 下列语句中表述错误的是(　　　)。

A. LD　S10　　　B. OUT　X01　　　C. SET　Y01　　　D. OR　T10

47. 梯形图编程的基本规则中，下列说法不对的是(　　　)。

A. 触点不能放在线圈的右边

B. 线圈不能直接连接在左边的母线上

C. 双线圈容易引起误操作，应尽量避免线圈的重复使用

D. 梯形图的触点与线圈均可以任意串联或并联

48. FX 系列 PLC 中 LDF 表示(　　　)。

A. 取下降沿指令　　B. 取上升沿指令　　C. 上升沿微分指令　　D. 下降沿微分指令

49. 基本逻辑指令 SET 是令元件自保持(　　　)。

A. ON　　　　　　B. OFF　　　　　　C. STOP　　　　D. RUN

50. FX 型 PLC 编制并行分支状态转移程序，其分支数不能超过(　　　)个。

A. 8　　　　　　　B. 9　　　　　　　C. 10　　　　　　D. 11

LD   X0

MC   N0

M100

51. 与程序
LD   X1
OUT   Y0
功能相同的程序是(　　　)。

LD   X2

SET   Y1

MCR   N0

A.
```
LD    X0
SET   M100
LD    X1
OUT   Y0
LD    X2
OUT   Y1
LDI   X0
RST   M100
```

B.
```
LD    X0
OUT   M100
LD    X1
OUT   Y0
LD    X2
SET   Y1
```

C.
```
LD    X0
OUT   M100
LD    X1
OUT   Y0
LD    X2
SET   Y1
LDI   X0
RST   Y1
```

D.
```
LD    X0
OUT   M100
LD    M100
AND   X1
OUT   Y0
LD    M100
AND   X2
SET   Y1
```

52. 与程序
```
LD    X0
OR    M0
INV
OUT   Y1
```
功能相同的程序是(　　　)。

A.
```
LDI   X0
ANB   M0
OUT   Y1
```

B.
```
LDI   X0
ORB   M0
OUT   Y1
```

C.
```
LDI   X0
ANI   M0
OUT   Y1
```

D.
```
LDI   X0
ORI   M0
OUT   Y1
```

53. 与程序
```
LDF   X0
OUT   M0
```
功能相同的程序是（　　　）。

A.
```
LD    X0
PLS   X0
OUT   M0
```

B.
```
LD    X0
PLF   X0
OUT   M0
```

C.
```
LD    X0
INV
OUT   M0
```

D.
```
LD    X0
PLF   M1
LD    M1
OUT   M0
```

54. 与以下梯形图对应的语句表程序是(   )。

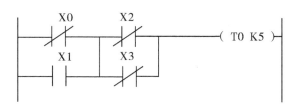

A.
LDI X0
OR   X1
LD   X2
ORI X3
OUT T0 K5

B.
LDI X0
OR   X1
LD   X2
ORI X3
ANB T0 K5

C.
LDI X0
OR   X1
LD   X2
OR   X3
ANB
OUT T0 K5

D.
LDI X0
OR   X1
LD   X2
ORI X3
ANB
OUT T0 K5

（二）判断题

(   ) 1. PLC 的一个重要特点就是输入与输出信号全部都经过光电耦合隔离。

(   ) 2. PLC 的输入端电源由 PLC 内部提供，一般为 +5V。

(   ) 3. PLC 的外壳一般是用塑料制造的，所以 PLC 一般不需要接地。

(   ) 4. FX_{2N} – 48MR 的意思是：有 24 个输入点、24 个输出点；扩展型；继电器输出。

(   ) 5. FX_{2N} – 2AD 是模拟量输入模块，这个模块占 2 个输入点。

(   ) 6. PLC 输入继电器不仅由外部输入信号驱动，而且能被程序指令驱动。

(   ) 7. PLC 的输出接口单元有三种形式，即继电器输出、晶体管输出和单向可控硅输出。

(   ) 8. PLC 控制系统的硬件设计是指对 PLC 外部设备的设计。

(   ) 9. PLC 选型和 I/O 配置是 PLC 系统设计中硬件设计的重要内容。

(   ) 10. 当 PLC 主机的 I/O 点数不够时可以适量地使用输入/输出扩展模块。

(   ) 11. PLC 控制系统的总体设计原则：根据任务要求，运行稳定，经济实用，操作简单，维修方便。

(   ) 12. PLC 控制系统的总体设计原则是：根据控制任务，在最大限度地满足生产机械或生产工艺对电气控制要求的前提下，运行稳定，安全可靠，经济实用，操作简单，维护方便。

(   ) 13. PLC 应远离强干扰源，如大功率晶闸管装置、变频器、高频焊机等。

(   ) 14. PLC 应采用独立接地，PLC 接地导线的截面积应大于 $1.5mm^2$，接地电阻应小于 4Ω。

（　　）15. PLC 自动控制系统按人工干预情况可分为手动控制、单循环控制和全自动控制。

（　　）16. 同一台 PLC 控制的负载，负载的电源类别、电压等级可能不相同。在设计分配 I/O 点时，应尽量让电源不同的负载不共用 COM 的输出点。

（　　）17. 系统程序是由 PLC 生产厂家编写的，固化在 RAM 中。

（　　）18. PLC 中的 RAM 一般存放系统程序、逻辑变量和其他一些信息。

（　　）19. PLC 本身有完善的自诊断功能，如出现故障，借助自诊断程序可以方便地找到出现故障的部件，更换后就可以恢复正常工作。

（　　）20. PLC 的编程语言按 IEC 61131－3 标准来分主要包括图形化语言和文本语言两大类。

（　　）21. 基本逻辑指令是 PLC 中最基础的编程语言，掌握了基本逻辑指令也就初步掌握了 PLC 的使用方法。

（　　）22. 在编写 PLC 程序时，触点既可画在水平线上，也可以画在垂直线上。

（　　）23. PLC 的用户程序是逐条执行的，执行结果依次放入输出映像寄存器。

（　　）24. 同一编号的输出元件在一个程序中使用两次，即形成双线圈输出，双线圈输出会引起误操作，所以不允许双线圈输出。

（　　）25. PLC 绝对不允许双线圈输出。

（　　）26. PLC 的流程图编程原则是先进行驱动处理，再进行转移处理。

（　　）27. LD 指令是把常开触点接到主母线上，并且在分支母线起点处也可以使用。

（　　）28. 多重输出电路指令 MPS 与 MPP 必须配对使用，连续使用必须少于 8 次。

（　　）29. 如果 X0 与 X1 的常开触点并联，程序

```
LD    X2
AND   X0
OR    X1
OUT   Y0
```

是正确的。

（　　）30. 定时器是 PLC 中的累计时间增量的软元件，所以使用定时器时应掌握其设定值及定时器触点等要素。

（　　）31. C236 是高速计数器，脉冲信号可以由任意输入端输入给 C236 计数。

（　　）32. 变址寄存器通常用于修改软元件的元件号。

（　　）33. FX_{2N} 系列的 PLC，对于所有的初始状态（S0～S9），每一状态下的分支电路数总和不能大于 16 个，并且在每一分支点分支数不能大于 4 个。

（　　）34. PLC 的程序存储器容量通常以字（或步）为单位。

（　　）35. 状态转移图又叫流程图，它是描述控制系统的控制过程、功能和特性的一种图形，是分析和设计 PLC 顺序控制的得力工具。

（三）问答题

1. 简述减少 PLC 输入/输出点数的方法。

2. 简述 PLC 的构成。

3. 简述 PLC 系统安装与布线应注意的事项。

4. 简述 PLC 系统检查、保养的要点。

5. 简述 PLC 控制系统设计的基本原则。

6. 简述 IEC 61131 – 3 国际标准的编程语言。

7. 电路读图分析常用方法有哪些？各有什么特点？

8. 简述提高 PLC 控制系统可靠性的措施。

9. 简述 PLC 控制系统的一般设计步骤。

（四）填空

1. PLC 型号的含义。

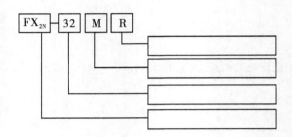

2. 基本指令的符号、功能及操作元件。

序号	指令（符号）	功能	梯形图表示	操作元件
1	LD			
2	LDI			
3	OUT			
4	END			
5	AND			
6	ANI			
7	OR			
8	ORI			
9	SET			
10	RST			
11	STL			
12	RET			
13	PLS			
14	PLF			
15	NOP			

（五）将以下的电气控制电路图转换成 PLC 控制的梯形图，并写出指令表，接线调试

运用基本逻辑指令实现三相异步电动机的控制电路。

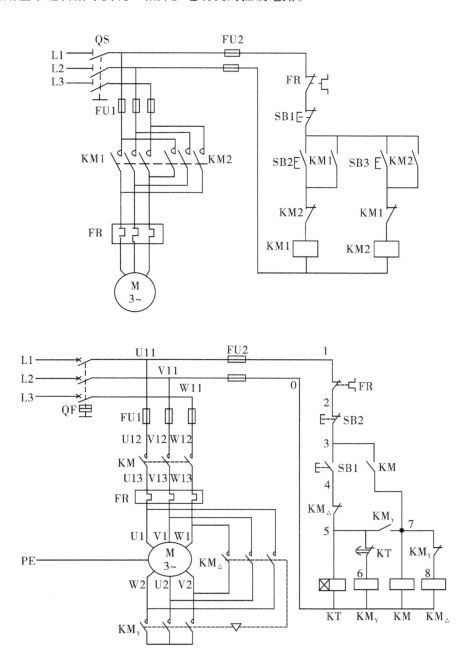

1. 制定输入/输出端口（I/O）分配表。

输入			输出		
输入继电器	输入元件	作用	输出继电器	输出元件	控制对象

2. 根据电路图的工作原理写出梯形图。

3. 将梯形图转化成指令表，用 GP/FX 软件输入程序并调试。

指令表		
步序号	操作码	操作数
0		
1		
2		
3		
4		
5		
6		
7		
8		
9		
10		
11		
12		
13		
14		
15		
16		

4. 实现 PLC 与控制板之间的 I/O 接线。

5. 写出调试步骤。

（六）按要求用 PLC 设计电路并调试

1. 用 FX 型 PLC 设计一台 5.5 小时定时器。X1 为启动，X2 为停止。Y1 为输出，其余 I/O 点自定。

2. 用 FX 或 S7 – 200 型 PLC 进行电动机的可逆运行控制，要求：

（1）启动时，可根据需要选择旋转方向；

（2）可随时停机；

（3）需要反向旋转时，按反向启动按钮，但必须等 10 秒后才能自动接通反向旋转的主电路。

二、拓展与延伸（课余学习完成）

（一）拓展

学习本情境后，你觉得自己还能运用所学做什么呢？

◆引导学生上网搜索，其他车床、钻床控制电路用 PLC 改造，学以致用的同时巩固所学的知识。

◆学习西门子 PLC。

1. S7－200 系列 PLC 的输入、输出继电器元件编号采用（　　）进制。

    A. 二　　　　　　　　B. 八　　　　　　　　C. 十　　　　　　　　D. 十六

2. S7－200PLC 的输出类型有（　　）种方式。

    A. 1　　　　　　　　　B. 2　　　　　　　　　C. 3　　　　　　　　　D. 4

3. S7－200 的程序结构属于线性化编程，其用户程序一般由三部分构成：（　　）、数据块和参数块。

    A. 用户程序　　　　　B. 汇编程序　　　　　C. 编程块　　　　　　D. 运算块

4. （　　）编程软件是西门子 S7－200 用户不可缺少的开发工具。

    A. SWOPC－FXGP/WIN－C　　　　　　　　B. STEP7_Micro/WIN32

    C. GX Developer　　　　　　　　　　　　D. S7－Simulator－200

5. 下列西门子语句表选项中表达错误的是（　　）。

    A. AN M0.4　　　　B. = I0.2　　　　C. TON T33，+300　　D. CTUD　C48，+4

```
          LD    M0.0
          O     M0.1
          ON    M0.2
6. 与 S7－200 语句表        功能相同的三菱 PLC 的语句表是（    ）。
          A     I0.0
          O     I0.1
          =     Q0.0
```

A.		B.		C.		D.	
LD	X0	LD	M0	LD	M0	LD	M0
OR	X1	OR	M1	OUT	M1	OUT	M1
ORI	X2	ORI	M2	LD	M2	OUT	M2
AND	M0	AND	X0	AND	X0	AND	X0
OR	M1	OR	X1	OUT	Y1	OR	X1
OUT	Y0	OUT	Y0	OUT	Y0	OUT	Y0

LD   I0.0

7. 与西门子 PLC 的语句表EU   功能相同的三菱 PLC 的语句表是（   ）。

=   M0.0

A.		B.		C.		D.	
LD	X0					LDF	X0
PLS	M1	LD	X0	LD	X0	OUT	M0
LD	M1	PLF		OUT	M0	OUT	M0
OUT	M0	OUT	M0				

（二）延伸

小车送料运行过程（用基本指令和步进指令两种控制方法）：

小车可以在 A、B 两地之间前进和后退，在 A、B 两地分别装有后限位开关和前限位开关。小车到达 B 处停车，延时 1 分钟后返回。当小车处于 A 处时，按下启动按钮 SB1，小车由初始状态向前运动。小车前进到前限位时，前限位开关 SQ1 闭合，小车暂停卸料，延时 1 分钟后小车后退，小车后退到后限位时，后限位开关 SQ2 闭合，小车暂停装料，延时 1 分钟后小车又开始前进，如此循环工作下去。

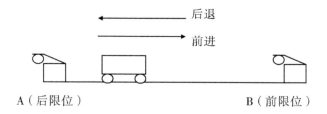

（1）制定输入/输出端口（I/O）分配表。

（2）根据电路图的工作原理写出梯形图。

（3）将梯形图转化成指令表，用 GP/FX 软件输入程序并调试。

（4）实现 PLC 与控制板之间的 I/O 接线。

（5）写出调试步骤。

供料单元控制系统

▶ **学习任务** ▶▶

　　在工业高速发展的年代，自动化生产线成为企业的宠儿，其中传输控制是经典应用。图 2 – 1 是 SX – 815E 自动化生产线供料单元的实物图。本模块要求按启动按钮后（通过转换开关，可分为手动和自动两种模式），PLC 启动送料电机，驱动放料盘旋转，物料由送料槽滑到物料提升位置，物料检测光电传感器开始检测。当供料站光电开关检测到物料时，送料电机停止运行。

图 2 – 1　供料单元系统实物图

▶ **学习目标** ▶▶

（1）能完成供料单元 PLC 控制系统及外围设备的连接。

（2）能熟练使用 GX Developer 软件对供料单元进行编程、调试、运行。

（3）能正确填写工作记录并完成检测、验收。

（4）能正确描述供料单元的基本结构，正确分析供料单元的工作流程。

（5）能熟悉漫射式光电接近开关、磁感应接近开关等检测元件的工作原理。

（6）能掌握气动回路、电气回路和供料单元调试方法。

基础知识

任务 ① 供料单元的结构和工作过程

一、供料单元的结构

供料单元的主要结构组成为放料转盘、驱动电机、物料滑槽、提升台、物料检测、磁性传感器、提升气缸等。结构组成如图 2-2 所示。

图 2-2 供料单元系统实物图

放料转盘：转盘中共放三种物料，一种金属物料、两种非金属物料（白色 PVC 和蓝色 PVC 物料）。

驱动电机：采用 24V 直流减速电机，转速 30r/min，转矩 30kg/cm；用于驱动放料转盘旋转。

物料滑槽：放料转盘旋转，物料互相推挤趋向入料口，物料则从入料口顺着滑槽落到提升台上。

提升台：将物料和滑槽有效分离，并确保每次只上一个物料。

物料检测：物料检测为光电漫反射型传感器，主要为 PLC 提供一个输入信号。如果有物料在提升台上，就会驱动提升气缸提升物料。

磁性传感器：用于气缸的位置检测。检测气缸伸出和缩回是否到位，为此在前点和后点上各有一个，当检测到气缸准确到位后将给 PLC 发出一个信号。磁性传感器接线时注意棕色接 " + "，蓝色接 " – "。

提升气缸：提升气缸使用的是单向电控气阀。当电控气阀线圈得电，物料提升台上升；当电控气阀线圈断电，则物料提升台下降。

该部分的工作原理是：PLC 启动送料电机，驱动放料盘旋转，物料由送料槽滑到物料提升位置，物料检测光电传感器开始检测。当供料站光电开关检测到物料时，送料电机停止运行；当供料站光电开关 10s 后仍未检测到物料时，电机也停止运行。

二、传感器

各工作单元所使用的传感器都是接近传感器，它利用传感器对所接近的物体具有的敏感特性来识别物体的接近，并输出相应开关信号，因此，接近传感器通常也称为接近开关。

接近传感器有多种检测方式，包括利用电磁感应引起的检测对象金属体中产生涡电流的方式、捕捉检测体的接近引起的电气信号容量变化的方式、利用磁石和引导开关的方式、利用光电效应方式和利用光电转换器件作为检测元件方式等。

1. 传感器的组成

传感器是感受规定的被测量并按照一定的规律将其转换成可用输出信号的器件或装置，通常由敏感元件、转换元件、转换电路及辅助电源组成，如图 2 – 3 所示。

（1）敏感元件，是传感器中能直接感受或响应被测量的部分。

（2）转换元件，是传感器中将敏感元件感受或响应的被测量转换成适用于传输或测量的电信号的部分。

（3）转换电路，是将转换元件输出的电参量转换成电压、电流或频率量的电路。

（4）辅助电源，是用于提供传感器正常工作能源的电源。

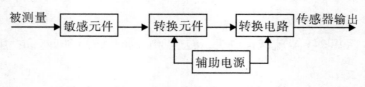

图 2 – 3　传感器的组成

2. 传感器的有关术语

（1）触头：接近开关在结构上没有传统意义上的机械触头，只是在功能上与机械触头相似，即接通或断开电信号。

（2）动合触头：在常态下，即在没有被检测信号的接近时，传感器输出呈截止状态，即输出为低电平（"0"）。

（3）动断触头：在常态下，即在没有被检测信号的接近时，传感器输出呈导通状态，即输出为高电平（"1"）。

（4）正逻辑输出：接近开关导通时，信号输出端输出高电平，负载须接在信号输出端与电源负极之间。这种输出称为 PNP 输出，如图 2-4（a）和（c）所示。

（5）负逻辑输出：接近开关导通时，信号输出端输出低电平，负载须接在信号输出端与电源正极之间。这种输出称为 NPN 输出，如图 2-4（b）和（d）所示。

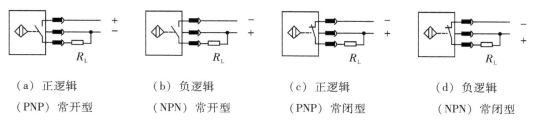

（a）正逻辑　　　　　（b）负逻辑　　　　　（c）正逻辑　　　　　（d）负逻辑
（PNP）常开型　　　（NPN）常开型　　　（PNP）常闭型　　　（NPN）常闭型

图 2-4　传感器通用符号

三、提升气缸

1. 磁性开关

供料单元所使用的气缸都是带磁性开关的气缸。这些气缸的缸筒采用导磁性弱、隔磁性强的材料，如硬铝、不锈钢等。在非磁性体的活塞上安装一个永久磁铁的磁环，这样就提供了一个反映气缸活塞位置的磁场。安装在气缸外侧的磁性开关是用来检测气缸活塞位置，即检测活塞的运动行程的。

有触点式的磁性开关用舌簧开关作磁场检测元件。舌簧开关成型于合成树脂块内，并且一般还有动作指示灯、过电压保护电路也塑封在内。图 2-5 是带磁性开关气缸的工作原理图。当气缸中随活塞移动的磁环靠近开关时，舌簧开关的两根簧片被磁化而相互吸引，触点闭合；当磁环移开开关后，簧片失磁，触点断开。触点闭合或断开时发出电控信号，在 PLC 的自动控制中，可以利用该信号判断推料及顶料缸的运动状态或所处的位置，确定工件是否被推出或气缸是否返回。

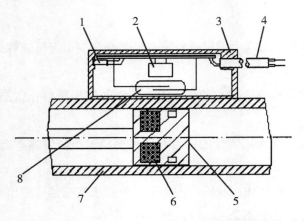

1. 动作指示灯　　2. 保护电路
3. 开关外壳　　　4. 导线
5. 活塞　　　　　6. 磁环（永久磁铁）
7. 缸筒　　　　　8. 舌簧开关

图 2 - 5　带磁性开关气缸的工作原理图

在磁性开关上设置的 LED 用于显示其信号状态，供调试时使用。磁性开关动作时，输出信号"1"，LED 亮；磁性开关不动作时，输出信号"0"，LED 不亮。

磁性开关的安装位置可以调整，调整方法是松开它的紧定螺栓，让磁性开关顺着气缸滑动，到达指定位置后，再旋紧紧定螺栓。

磁性开关有蓝色和棕色两根引出线，使用时蓝色引出线应连接到 PLC 输入公共端，棕色引出线应连接到 PLC 输入端。磁性开关的内部电路如图 2 - 6 中虚线框内所示。

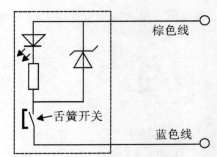

棕色线

舌簧开关

蓝色线

图 2 - 6　磁性开关的内部电路图

2. 漫射式光电接近开关

用来检测物料台上有无物料的光电开关是一个圆柱形漫射式光电接近开关，工作时，向上发出光线，从而透过小孔检测是否有工件存在。该光电开关选用 SICK 公司产品 MHT15 - N2317 型，其外形如图 2 - 7 所示。

部分接近开关的图形符号如图 2 - 8 所示。图中（a）（b）（c）三种情况均使用 NPN 型三极管集电极开路输出。如果是使用 PNP 型的，正负极性应反过来。

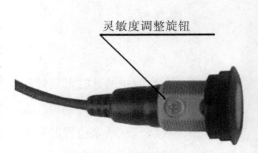

灵敏度调整旋钮

图 2 - 7　MHT15 - N2317 光电开关外形

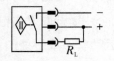

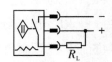

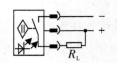

（a）通用图形符号　　（b）电感式接近开关　　（c）光电式接近开关　　（d）磁性开关

图 2 - 8　接近开关的图形符号

一、标准双作用直线气缸

标准气缸是指气缸的功能和规格是普遍使用的、结构容易制造的、制造厂通常作为通用产品供应市场的气缸。

在气缸运动的两个方向上，根据受气压控制的方向个数的不同，可分为单作用气缸（在模块 3 中介绍）和双作用气缸。只有一个方向受气压控制而另一个方向依靠复位弹簧实现复位的气缸称为单作用气缸。两个方向都受气压控制的气缸称为双作用气缸。

在双作用气缸中，活塞的往复运动均由压缩空气来推动。图 2-9 是标准双作用直线气缸的半剖面图。图中气缸的两个端盖上都设有进排气通口，从无杆侧端盖气口进气时，推动活塞向前运动；反之，从杆侧端盖气口进气时，推动活塞向后运动。气缸若不带缓冲装置，当活塞运动到终端时，特别是行程长的气缸，活塞撞击端盖的力量很大，容易损坏零件。故活塞两侧设有缓冲垫，以保护气缸不受损伤。

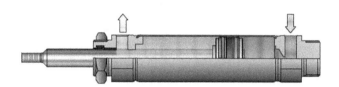

图 2-9　双作用气缸工作示意图

双作用气缸具有结构简单、输出力稳定、行程可根据需要选择的优点，但由于是利用压缩空气交替作用于活塞上实现伸缩运动的，回缩时压缩空气的有效作用面积较小，所以产生的力要小于伸出时产生的推力。

双作用气缸还可以分为单活塞杆型和双活塞杆型。双活塞杆型气缸的活塞两侧的受压面积相等，两侧运动行程和输出力是相等的，可用于长行程的工作台的装置上。活塞杆两端固定，气缸的缸筒随工作台运动，刚性增强，导向性好。

为了使气缸的运作平稳可靠，应对气缸的运动速度加以控制，常用的方法是使用单向节流阀来实现。

单向节流阀是由单向阀和节流阀并联而成的流量控制阀，常用于控制气缸的运动速度，所以也称为速度控制阀。单向阀的功能是靠单向型密封圈来实现的。图 2-10 给出一种单向节流阀剖面图。当空气从气缸排气口排出时，单向密封圈在封堵状态，单向阀关闭，这时只能通过调节手轮，使节流阀杆上下移动，改变气流开度，从而达到节流作用。反之，在进气时，单向型密封圈被气流冲开，单向阀开启，压缩空气直接进入气缸进气口，节流阀不起作用。因此，这种节流方式称为排气节流方式。

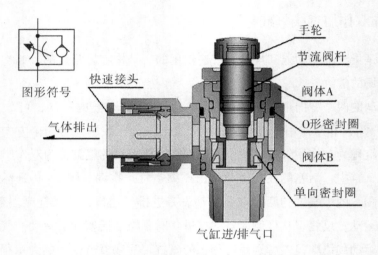

图 2-10　排气节流方式的单向节流阀剖面图

图 2-11 是在双作用气缸装上两个排气型单向节流阀的连接示意图，当压缩空气从 A 端进气、从 B 端排气时，单向节流阀 A 的单向阀开启，向气缸无杆腔快速充气。由于单向节流阀 B 的单向阀关闭，有杆腔的气体只能经节流阀排气，故调节节流阀 B 的开度，便可改变气缸伸出时的运动速度。反之，调节节流阀 A 的开度则可改变气缸缩回时的运动速度。这种控制方式的活塞运行稳定，是最常用的方式。

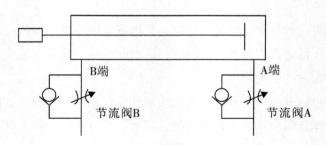

图 2-11　节流阀连接和调整原理示意图

节流阀上带有气管的快速接头，只要将合适外径的气管往快速接头上一插，就可以将管连接好了，使用时十分方便。图 2-12 是安装了带快速接头的限出型气缸节流阀的气缸外观。

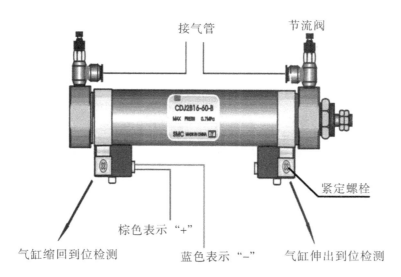

图 2 - 12　安装了节流阀的气缸

二、单电控电磁换向阀、电磁阀组

如前所述，顶料或推料气缸，其活塞的运动是依靠向气缸一端进气，并从另一端排气；再反过来，从另一端进气，一端排气来实现的。气体流动方向的改变则由方向控制阀（改变气体流动方向或通断的控制阀）加以控制。在自动控制中，方向控制阀常采用电磁控制方式实现方向控制，称为电磁换向阀。

电磁换向阀利用其电磁线圈通电时，静铁芯对动铁芯产生电磁吸力使阀芯切换，达到改变气流方向的目的。图 2 - 13 是一个单电控二位三通电磁换向阀的工作原理示意图。

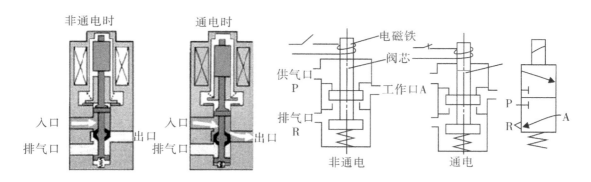

图 2 - 13　单电控电磁换向阀的工作原理

单向电磁换向阀用来控制气缸单个方向的运动，实现气缸的伸出、缩回运动。图 2 - 14 是单向电磁换向阀的示意图。与双向电磁换向阀的区别在于后者的初始位置是任意的，可以随意控制两个位置；而前者的初始位置是固定的，只能控制一个方向。

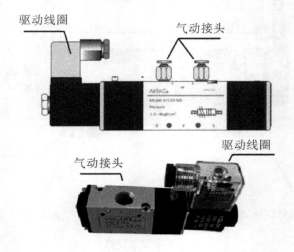

图 2-14　单向电磁换向阀示意图

　　所谓"位"指的是为了改变气体方向，阀芯相对于阀体所具有的不同的工作位置。"通"则指换向阀与系统相连的通口，有几个通口即为几通。图 2-13 中，只有两个工作位置，具有供气口 P、工作口 A 和排气口 R，故为二位三通阀。

　　图 2-15 分别给出二位三通、二位四通和二位五通单电控电磁换向阀的图形符号，图形中有几个方格就是几位，方格中的"丅"和"⊥"符号表示各接口互不相通。

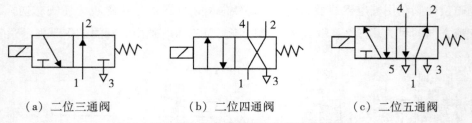

（a）二位三通阀　　　　　（b）二位四通阀　　　　　（c）二位五通阀

图 2-15　部分单电控电磁换向阀的图形符号

　　供料单元用了 1 个二位五通的单电控电磁阀。这两个电磁阀带有手动换向加锁钮，有锁定（LOCK）和开启（PUSH）两个位置。用小螺丝刀把加锁钮旋到 LOCK 位置时，手控开关向下凹进去，不能进行手控操作。只有在 PUSH 位置，才可用工具向下按，信号为"1"，等同于该侧的电磁信号为"1"；常态时的手控开关的信号为"0"。在进行设备调试时，可以使用手控开关对阀进行控制，从而实现对相应气路的控制，以改变推料缸等执行机构的控制，达到调试的目的。

　　两个电磁阀是集中安装在汇流板上的。汇流板中两个排气口末端均连接了消声器，消声器的作用是减少压缩空气在向大气排放时的噪声。这种将多个阀与消声器、汇流板等集中在一起构成的一组控制阀的集成称为阀组，而每个阀的功能是彼此独立的。阀组的结构如图 2 – 16 所示。

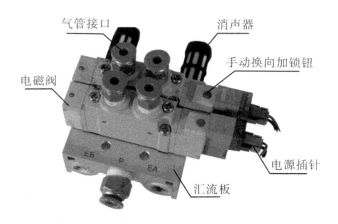

图 2 – 16　阀组结构

三、气动控制回路

气动控制回路是本工作单元的执行机构，该执行机构的逻辑控制功能是由 PLC 实现的。气动控制回路的工作原理如图 2 – 17 所示。图中 1B1 和 1B2 为安装在提升气缸的两个极限工作位置的磁感应接近开关，1Y1 为控制提升气缸的电磁阀的电磁控制端。通常，这两个气缸的初始位置均设定在缩回状态。

物料台提升气缸工作过程：提升气缸的电磁阀 1Y1 不得电时，气路为 1→2→4→5，物料台处于不提升状态；1Y1 得电时，气路为 1→4→2→3，物料台处于提升状态。

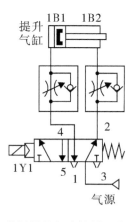

图 2 – 17　供料单元气动控制回路工作原理图

四、电气接线

电气接线包括在工作单元装置侧完成各传感器、电磁阀、电源端子等引线到装置侧接线端口之间的接线，在 PLC 侧进行电源连接、I/O 点接线等。

供料单元装置侧的接线端口上各电磁阀和传感器的引线安排，如表 2-1 所示。

表 2-1　供料单元装置侧的接线端口信号端子的分配

输入信号					输出信号				
序号	设备符号	设备端子号	PLC输入点	功能	序号	设备符号	设备端子号	PLC输出点	功能
1	SC1	30	X006	物料检测	1	M1	56	Y007	供料转盘电机
2	B1	29	X014	物料台上升到位	2	YV0	45	Y010	物料提升台升/降
3	B2	28	X015	物料台下降到位					
4	SB5	SB5-1	X001	启动按钮（绿）					
5	SB6	SB6-1	X002	停止按钮（红）					

接线时应注意，装置侧接线端口中，输入信号端子的上层端子（+24V）只能作为传感器的正电源端，切勿用于电磁阀等执行元件的负载。电磁阀等执行元件的正电源端和 0V 端应连接到输出信号端子下层的相应端子上。装置侧接线完成后，应用扎带绑扎，力求整齐美观。

PLC 侧的接线，包括电源接线，PLC 的 I/O 点和 PLC 侧接线端口之间的连线，PLC 的 I/O 点与按钮指示灯模块的端子之间的连线。具体接线要求与工作任务有关。

电气接线的工艺应符合国家职业标准的规定，例如，导线连接到端子时，采用压紧端子压接方法；连接线须有符合规定的标号；每一端子连接的导线不超过 2 根等。

五、接线图

供料单元电气控制的回路如图 2-18 所示。

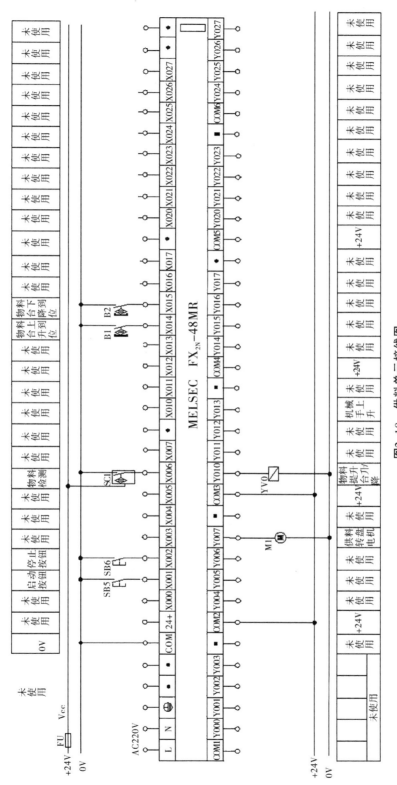

图2-18 供料单元接线图

任务 ③ 供料单元的 PLC 控制系统

一、工作任务

本模块只考虑供料单元作为独立设备运行时的情况，具体的控制要求为：

①满足原点后按下启动按钮，系统开始运行。供料单元原点条件：放料盘处于非旋转状态，提升气缸处于下限位置，没有缺料报警。

②送料电机驱动放料盘旋转，物料充足的情况下，工件由送料槽滑到物料提升台，物料检测光电传感器检测到物料滑到提升台上时，转盘停止转动。

③提升台上升，停留 2s 后下降。

④按下停止按钮，系统完成本周期工作后停机。

要求完成如下任务：

①规划 PLC 的 I/O 分配及接线端子分配。

②进行系统安装接线。

③按控制要求编制 PLC 程序。

④进行调试与运行。

二、供料单元单站控制的编程思路

（1）根据控制要求，画出顺序控制的状态流程图。

①程序结构：程序由两部分组成，一部分是原点控制，另一部分是供料控制。

②PLC 上电后应首先进入初始状态检查阶段，确认系统已经准备就绪后，才允许投入运行，这样可及时发现存在的问题，避免出现事故。例如，若提升台气缸在上电和气源接入时不在初始位置，这是气路连接错误的缘故，显然在这种情况下是不允许系统投入运行的。通常 PLC 控制系统都有这种常规的要求。

③供料单元运行的主要过程是供料控制，它是一个步进顺序控制过程。其工作流程图和状态流程图如图 2-19 和图 2-20 所示。

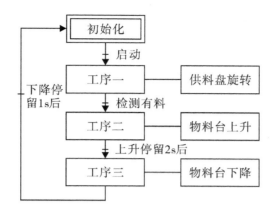

图 2-19　供料单元工作流程图

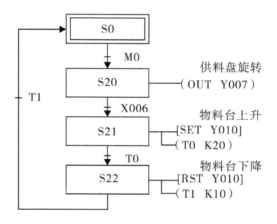

图 2-20　供料单元状态流程图

④如果没有停止要求,顺控过程将周而复始地不断循环。常见的顺序控制系统正常的停止要求是,接收到停止指令后,在完成本工作周期任务即返回到初始步后,复位运行状态,系统才停止下来。

(2)图 2-21 给出了系统主程序梯形图,图中略去了状态显示子程序和原点控制程序的梯形图,请读者继续自行完成。

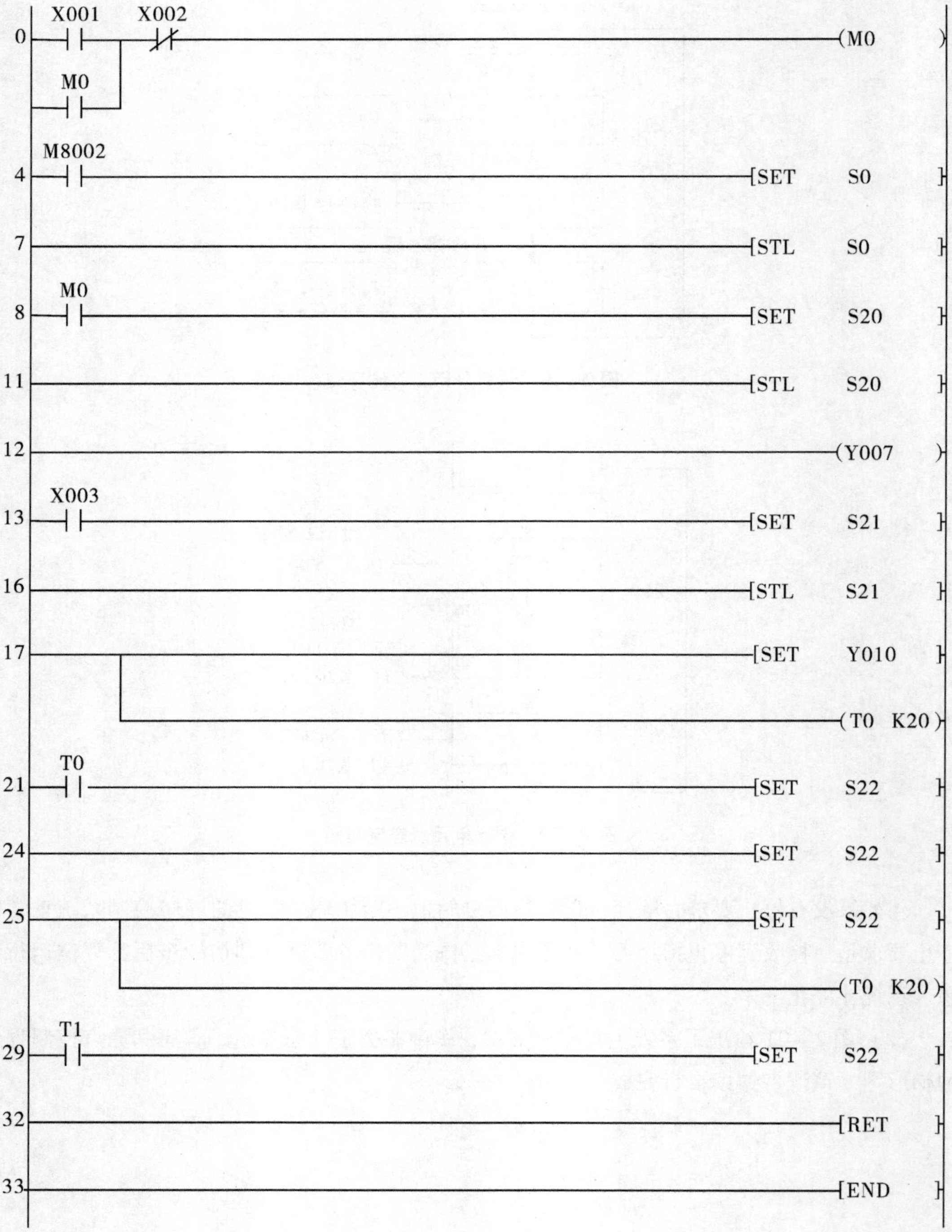

```
        X001   X002
0    ──┤├──┤/├────────────────────────────────( M0    )
        M0
     ──┤├──

        M8002
4    ──┤├────────────────────────────────[SET    S0    ]

7    ──────────────────────────────────────[STL    S0    ]

        M0
8    ──┤├────────────────────────────────[SET    S20   ]

11   ──────────────────────────────────────[STL    S20   ]

12   ──────────────────────────────────────( Y007  )

        X003
13   ──┤├────────────────────────────────[SET    S21   ]

16   ──────────────────────────────────────[STL    S21   ]

17   ──────────────────────────────────────[SET    Y010  ]
                                          ( T0   K20 )

        T0
21   ──┤├────────────────────────────────[SET    S22   ]

24   ──────────────────────────────────────[SET    S22   ]

25   ──────────────────────────────────────[SET    S22   ]
                                          ( T0   K20 )

        T1
29   ──┤├────────────────────────────────[SET    S22   ]

32   ──────────────────────────────────────[RET   ]

33   ──────────────────────────────────────[END   ]
```

图 2-21　供料单元主程序梯形图

（3）根据梯形图（如图 2 – 21 所示）写出对应的指令语句表。

序号	指令	操作数		序号	指令	操作数	
0	LD	X001		16	STL	S21	
1	OR	M0		17	SET	Y010	
2	ANI	X002		18	OUT	T0	K20
3	OUT	M0		21	LD	T0	
4	LD	M8002		22	SET	S22	
5	SET	S0		24	STL	S22	
7	STL	S0		25	RST	Y010	
8	LD	M0		26	OUT	T1	K10
9	SET	S20		29	LD	T1	
11	STL	S20		30	SET	S0	
12	OUT	Y007		32	RET		
13	LD	X006		33	END		
14	SET	S21					

图 2 – 22　供料单元指令语句表

学习小结

调试与运行：

（1）调整气动部分，检查气路是否正确、气压是否合理、气缸的动作速度是否合理。

（2）检查磁性开关的安装位置是否到位、磁性开关工作是否正常。

（3）检查 I/O 接线是否正确。

（4）检查光电传感器安装是否合理、灵敏度是否合适，保证检测的可靠性。

（5）检查运行程序动作是否满足任务要求。

（6）调试各种可能出现的情况，例如，在料仓工件不足的情况下，系统能否可靠工作；料仓没有工件的情况下，能否满足控制要求。

（7）优化程序。

【思考与练习】

（1）总结检查气动连线、传感器接线、I/O 检测及故障排除方法。

（2）如果按钮/指示灯模块中一个按钮作其他用途，试编写只用一个按钮实现设备启动和停止的程序。

（3）如果供料单元出现缺料情况，如何判别？缺料时系统停机，且红色指示灯0.5s 闪烁报警，按下复位按钮，解除警报之后才能重新启动系统，如何实现？

模块 2 工作页

≫ **学习任务** ≫≫

在工业高速发展的年代，自动化生产线成为企业的宠儿，其中传输控制是经典应用。下图是 SX–815E 自动化生产线供料单元的实物图。本模块要求按启动按钮后（通过转换开关，可分为手动和自动两种模式），PLC 启动送料电机，驱动放料盘旋转，物料由送料槽滑到物料提升位置，物料检测光电传感器开始检测。当供料站光电开关检测到物料时，送料电机停止运行。

供料单元系统实物图

≫ **学习目标** ≫≫

（1）能完成供料单元 PLC 控制系统及外围设备的连接。

（2）能熟练使用 GX Developer 软件对供料单元进行编程、调试、运行。

（3）能正确填写工作记录并完成检测、验收。

（4）能正确描述供料单元的基本结构，正确分析供料单元的工作流程。

（5）能熟悉漫射式光电接近开关、磁感应接近开关等检测元件的工作原理。

（6）能掌握气动回路、电气回路和供料单元调试方法。

工作过程

【A 分析】——分析任务，明确要求

（1）根据任务要求，画出供料系统工作流程图。

①在满足原点条件下，按启动按钮，系统开始工作；如不满足原点条件，系统无法启动。原点条件为：放料盘处于非旋转状态，提升气缸处于下限位置。

②送料电机驱动放料盘旋转，补充工件到物料提升台。

③工件滑到提升台后，转盘停止转动。

④1 秒后物料提升台上升。

⑤2 秒后物料提升台下降。

（2）看图填空，选择方框中的内容填写到供料单元系统实物图对应的位置。

物料提升气缸　　　放料转盘　　　驱动电机　　　物料滑槽　　　物料检测

提升台　　　磁性开关（上升限位）　　　磁性开关（下降限位）

接近开关（左转限位）　　　接近开关（右转限位）

伸出调节阀　　　回缩调节阀　　　上升调节阀　　　下降调节阀

双向电磁阀（上升/下降）　　　双向电磁阀（伸出/回缩）

双向电磁阀（左转/右转）　　　单向电磁阀（物料提升）

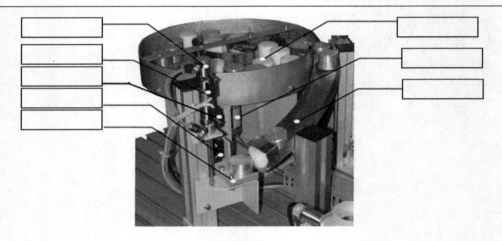

供料单元系统实物图

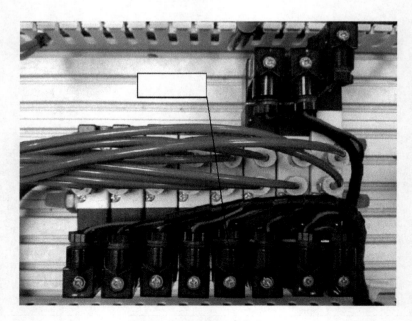

供料单元传输系统电磁阀实物图

（3）根据任务描述填写与 PLC 选择相关的项目需求配置表。

序号	项目内容	相关数据	备注
1	开关量输入点数需求		（按系统实际使用点数填写）
2	开关量输出点数需求		（按系统实际使用点数填写）
3	开关个数需求（按钮、转换开关）		（按系统实际使用数量填写）
4	使用的磁性开关、传感器总数量		（按实际使用数量填写）
5	本气动回路的电磁阀线圈数量		（按实际使用数量填写）
6	电机控制设备数量需求（包括变频器、中间继电器）		（按系统实际使用数量填写）
7	PLC 输出形式		（按实际型号技术参数填写）
8	PLC 输入端点数		（按实际型号所含点数填写）
9	PLC 输出端点数		（按实际型号所含点数填写）
10	所使用的 PLC 型号		（按实际型号技术参数填写）
11	PLC 工作电源电压		（按实际使用电压值填写）
12	本气动回路中使用的电磁阀工作电压		（按实际型号技术参数填写）

（注：数量表示——写具体数量，没有的写"无"）

（4）根据需求配置表，结合设备情况，填写系统的输入/输出端口。

输入信号					输出信号				
序号	设备符号	设备端子号	PLC 输入点	功能	序号	设备符号	设备端子号	PLC 输出点	功能
1	SC1	30		物料检测	1	M1	56		供料转盘电机
2	B1	29		物料台上升到位	2	YV0	45		物料提升台升/降
3	B2	28		物料台下降到位					
4	SB5	SB5 – 1		启动按钮（绿）					
5	SB6	SB6 – 1		停止按钮（红）					

【D 设计】——硬件电路

（1）根据【A 分析】阶段确定的输入/输出，绘制 PLC 接线图。

（2）用笔画出实物接线。

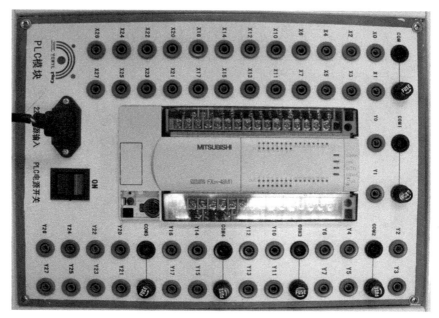

【D 开发】——程序设计

（1）根据【D 设计】阶段完成的硬件电路，开发程序，绘制程序流程图。

（2）将程序流程图转换为梯形图。

【I 实施】——整机调试

将程序下载到设备中试运行，并填写工作记录表。

序号	项目内容	运行情况	异常记录
1	开机		
2	下载程序		
3	指示灯显示		
4	运行情况		
5	程序修改次数		

【E 评估】——反馈

考核项目	参考内容	考核人员	考核结果	备注
工作技能 （60%）	硬件电路接线是否正确	教师		
	程序流程图绘制是否正确	组长		
	GX 软件操作是否熟练	组长		
	PLC 与电脑通信设置	组长		
	整机上电调试操作是否熟练	教师		
工作表现 （20%）	操作时间 （起：　　　止：　　　）	组长		
	无特殊原因未能及时完成任务或者拖延进度，该项为"差"	组长		
	按时完成任务者，结合工作质量，表现好的给予相应的奖励（如用时短、程序短）	教师		
	服从工作安排、积极参与讨论，提出建议以解决问题	组长		
	迟到、早退，未经批准离开工作岗位，未带学习用品，未按要求穿着工作服，本项分数为 0 分	组长		

（续上表）

考核项目	参考内容	考核人员	考核结果	备注
9S 管理 （20%）	1. 仪器、工具摆放凌乱扣 2 分 2. 借用工具不归还扣 5 分，造成损坏或遗失的作相应赔偿 3. 没有保持桌面、地面整洁扣 2 分 4. 实训完成后没有对工作场地进行清扫扣 2 分 5. 带电违规操作（不包括调试和电流测量）扣 2 分 6. 乱摔焊锡扣 1 分 7. 电烙铁烫坏仪器、操作台等扣 5 分 8. 在实训过程中打闹扣 5 分 9. 没有节约使用耗材，浪费导线、焊锡等扣 2 分 10. 没按规定操作，发生重大安全事故扣 10 分，并视事故后果追究相关责任和赔偿	组长		

【自我测试】

1. 在模块 2 的基础上，增加以下功能：

急停功能：按下急停按钮，系统停止运行；松开急停按钮，系统处于停止状态。

指示灯显示：符合原点条件，绿灯长亮；不符合原点条件，红灯闪亮（0.5s 亮，0.5s 灭）。

处于急停状态时，绿灯闪亮（0.5s 亮，0.5s 灭）。

2. 判断气动回路是否开启？（   ）开，（   ）关。

A   B

3. 下图是_____位_____通的电磁阀，承受的压强范围为_____，电磁阀得电时，气体的方向是_____→_____→_____→_____。

传输单元控制系统

➤ **学习任务** ➤➤

在工业高速发展的年代，自动化生产线成为企业的宠儿，其中传输控制是经典应用。图 3 – 1 是 SX – 815E 自动化生产线传输系统的实物图。本模块要求运用该传输系统将工件从供料系统的物料台搬运到分拣系统。

图 3 – 1　传输单元系统实物图

➤ **学习目标** ➤➤

（1）能完成传输单元 PLC 控制系统及外围设备的连接。

（2）能熟练使用 GX Developer 软件对传输系统进行编程、调试、运行。

（3）能正确填写工作记录并完成检测、验收。

（4）能正确描述传输系统的基本结构，正确分析传输系统的工作流程。

（5）熟悉电感式接近开关、电容式传感器等检测元件的工作原理。

（6）掌握气动回路、电气回路和整机调试方法。

》 **基础知识** 》》

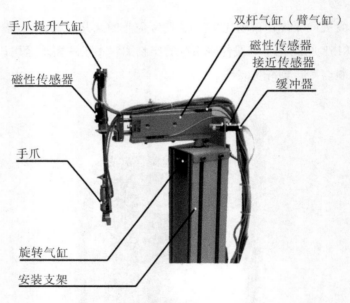

 任务 ①　传输单元的结构和工作过程

一、传输单元的结构

手爪提升气缸

磁性传感器

双杆气缸（臂气缸）

磁性传感器

接近传感器

缓冲器

手爪

旋转气缸

安装支架

图 3 - 2　传输单元结构图

手爪提升气缸：提升气缸采用双向电控气阀控制，气缸伸出或缩回可任意定位。

磁性传感器：检测手爪提升气缸处于伸出或缩回位置。接线时注意棕色接"＋"、蓝色接"－"。

手爪：抓取物料由单向电控气阀控制，单向电控气阀得电，手爪夹紧磁性传感器，有信号输出，指示灯亮；单向电控气阀断电，手爪松开。

旋转气缸：机械手臂的正反转由双向电控气阀控制。

接近传感器：机械手臂正转和反转到位后，接近传感器信号输出。接线时注意棕色接"＋"、蓝色接"－"、黑色接输出。

双杆气缸：机械手臂的伸出、缩回由双向电控气阀控制。气缸上装有两个磁性传感器，检测气缸伸出或缩回的位置。接线时注意棕色接"＋"、蓝色接"－"。

缓冲器：旋转气缸高速正转和反转到位时，起缓冲减速作用。

整个搬运机构能完成四个自由度动作：手臂伸缩、手臂旋转、手爪上下、手爪紧松。

二、传感器

（一）电感式传感器

1. 工作原理

电感式传感器为信号发生器，它被用于加工机械、机器人、生产线以及传送带系统中检测和功能相关的动作，并将检测结果转换成电信号。它是以非接触的方式工作的。当有金属物体接近规定的感应距离时，传感器会发出一个电信号。电感式接近开关是利用电涡流效应制造的传感器。电涡流效应是一种物理效应，当金属物体处于一个交变的磁场中，金属内部会产生交变的电涡流，该涡流又会反作用于产生它的磁场。如果这个交变的磁场是由一个电感线圈产生的，这个电感线圈中的电流就会发生变化，来平衡涡流产生的磁场。

利用上述原理，以高频振荡器（LC 振荡器）中的电感线圈作为检测元件，当被测金属物体接近电感线圈时，便会产生涡流效应，引起振荡器振幅或频率的变化，由传感器的信号调理电路（包括检波、放大、整形、输出等电路）将该变化转换成开关量输出，从而达到检测目的。电感式接近传感器的工作原理和实物如图 3 - 3 所示。

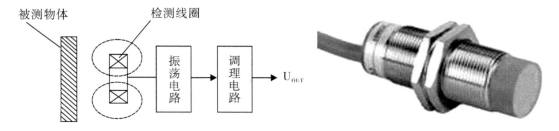

图 3 - 3　电感式传感器原理框图和实物图

2. 符号及接线方式

电感式接近开关常用三线式，接线方式与光电式相同。电感式接近开关如图 3 - 4 所示。

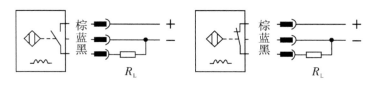

（a）PNP 三线型常开、常闭型

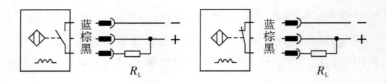

（b）NPN 三线型常开、常闭型

图 3 – 4　电感式接近开关图形符号及接线方式

3. 电感式传感器在自动检测中的应用

由于电感式传感器只能对金属起作用，可以应用在生产线上检测金属工件是否到位，当工件到位后自动输出一个开关量信号，如图 3 – 5（a）所示；也可应用于生产线上机械臂限位检测，当到达限位后自动输出开关量信号，以控制下一工作步骤，如图 3 – 5（b）所示。

（a）工件检测　　　　　　　　　　　（b）限位检测

图 3 – 5　电感式传感器应用

（二）电容式传感器

1. 工作原理

将被测非电量的变化转换为电容量变化的传感器称为电容式传感器，如将位移、压力等转换为电容量变化的传感器。其敏感部分就是具有可变参数的电容器。其最常用的形式是由两个平行电极组成、极间以空气为介质的电容器。

在高频振荡型电容式接近开关中，以高频振荡器（LC 振荡器）中的电容作为检测元件，利用被测物体接近该电容时电容器的介质发生变化导致电容量 C 的变化，从而引起振荡器振幅或频率的变化，由传感器的信号调理电路将该变化转换成开关量输出，从而达到检测的目的。

电容式接近开关不仅能检测金属，还能检测塑料、玻璃、水、油等物质。因各种检测物的导电率和介电常数、吸水率、体积不同，故检测距离也不同。对于接地的金属可获得最大的检测距离。

电容式接近开关的动作距离一般可调，以适合不同检测体的检测，因此在安装时请根据需要进行调整，以规格型号为 LJC18A3 – B – Z/BX 的电容式接近开关（如图 3 – 6 所示）为例，其调整方法如图 3 – 7 所示：

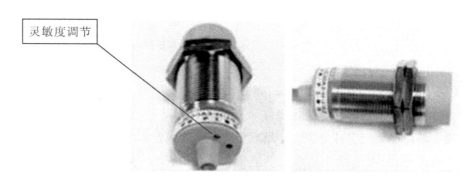

图 3 – 6　电容式接近开关实物图

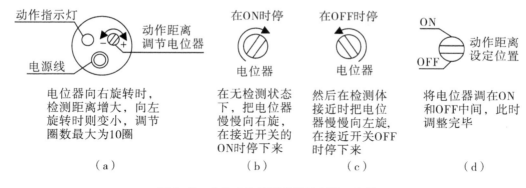

图 3 – 7　电容式接近开关调整步骤示意图

2. 符号及接线方式

电容式接近开关常用三线式，接线方式与光电式接近开关相同。电容式接近开关图形符号如图 3 – 8 所示。（PNP、NPN 常开、常闭）

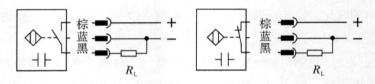

（a）PNP 三线型常开、常闭型

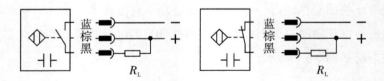

（b）NPN 三线型常开、常闭型

图 3 - 8　电容式接近开关图形符号及接线方式

3. 电容式传感器在自动检测中的应用

由于电容式传感器根据其感应灵敏度可以检测不同材质的工件。如图 3 - 9 所示，在自动生产线上可以检测出工件是否为金属或塑料、塑料或瓷器等，用以控制计数器计数或下一个加工步骤等。

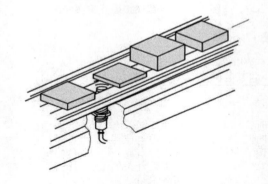

图 3 - 9　电容式传感器的应用

三、气动元双件

（一）摆动气缸

摆动气缸是利用压缩空气驱动输出轴在一定角度范围内做往复回转运动的气动执行元件，用于物体的转拉、翻转、分类、夹紧，阀门的开闭以及机器人的手臂动作等。

摆动气缸分成两种：一种是叶片式摆动气缸，用内部止动块来改变其摆动角度。止动块与缸体固定在一起，叶片与转轴连在一起。气压作用在叶片上，带动转轴回转，并输出力矩。叶片式摆动气缸有单叶片式和双叶片式。双叶片式的输出力矩比单叶片式大一倍，但转角小于270°。叶片式摆动气缸就是里面有1个或2个叶片，连在心轴上，叶片放在一个封闭的环形槽内，环形槽的一边通气时，叶片就摆向另一边。这种气缸是依靠外置的停止装置来设定角度的。还有一种是活塞式摆动气缸，其实就是将1个或2个气缸做在一个整体里面，活塞杆做成齿条，然后转动部分做成齿轮。这种摆动气缸可以通过调节上面的螺钉来设定摆动角度。

注意：其一，这两个类型的摆动气缸，都有角度可设定和角度固定两种型号。其二，一般来说，叶片式摆动气缸的最大摆动角度为270°，活塞式摆动气缸的最大摆动角度为362°。若选用角度可调的型号，其角度均为无极可调。

使用注意事项：

（1）配管前，必须充分吹除异物，并使用洁净的压缩空气。

（2）不要用于有腐蚀性流体、多粉尘或水滴、油滴飞溅的场合。

（3）摆动气缸应在不给油的情况下使用，否则有可能出现爬行现象。

（4）速度应从低速慢慢调整，不得从高速侧调整。

图 3 - 10　叶片式摆动气缸

（二）电控电磁换向阀

在传输单元的气动控制回路中，驱动旋转气缸、机械臂伸出回缩气缸、上升下降气缸的电磁阀采用的均是二位五通双电控电磁阀。

1. 双向电磁阀

双电控电磁阀与单电控电磁阀的区别在于：对于单电控电磁阀，在无电控信号时，阀芯在弹簧力的作用下会被复位；而对于双电控电磁阀，在两端都无电控信号时，阀芯的位置取决于前一个电控信号。

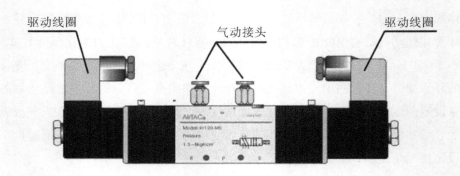

图 3-11 双电控气阀示意图

注意：双电控电磁阀的两个电控信号不能同时为"1"，即在控制过程中不允许两个线圈同时得电，否则可能会使电磁线圈烧毁。当然，在这种情况下阀芯的位置是不确定的。

双作用气动阀门配二位五通双线圈电磁阀工作原理：双电控电磁阀通过两侧电磁线圈的得电、失电来控制阀门的开闭。当一个线圈失电、另一个未得电时可以保持阀芯当前位置不动，称为有记忆功能的阀。

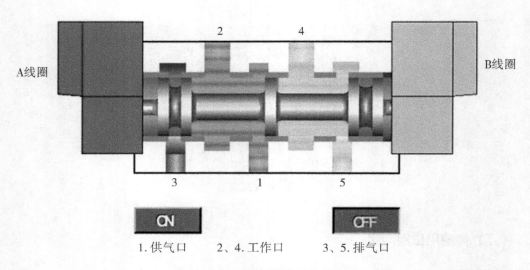

1.供气口   2、4.工作口   3、5.排气口

图 3-12 双电控气阀原理图

1 孔：气源进气口，5 公斤。

2 孔：与气动阀 2 孔连接。

4 孔：与气动阀 4 孔连接。

3 孔、5 孔：对应 2 孔、4 孔排气。

当电磁阀 A 线圈得电时，2 孔进气，4 孔排气，气动阀门执行器逆时针转动，阀门打开。当 A 线圈断电、B 线圈未得电时，气动阀门仍保持当前位置。A 线圈只需得电一次，阀门打开，功耗低。

当电磁阀 B 线圈得电时，4 孔进气，2 孔排气，气动阀门执行器顺时针转动，阀门关闭。当 B 线圈断电、A 线圈未得电时，气动阀门仍保持当前位置。B 线圈只需得电一次，阀门关闭，功耗低。

如 A 线圈、B 线圈同时得电，阀门不动作，保持原位，一般禁止这种操作。

图 3 – 13 分别给出二位三通、二位四通和二位五通双控电磁换向阀的图形符号，图形中有几个方格就是有几位，方格中的"╥"和"╨"符号表示各接口互不相通。

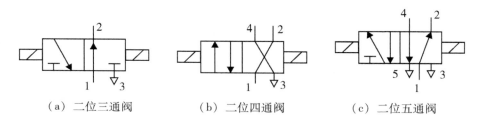

（a）二位三通阀　　　　（b）二位四通阀　　　　（c）二位五通阀

图 3 – 13　部分双电控电磁换向阀的图形符号

2. 单作用气缸

单作用气缸结构简单，如图 3 – 14 所示。缸体内安装了弹簧，缩短了气缸的有效行程，且耗气量少。弹簧的反作用力随压缩行程的增大而增大，故活塞杆的输出力随运动行程的增大而减小。弹簧具有吸收动能的能力，可减小行程中断的撞击作用。一般用于行程短、对输出力和运动速度要求不高的场合。

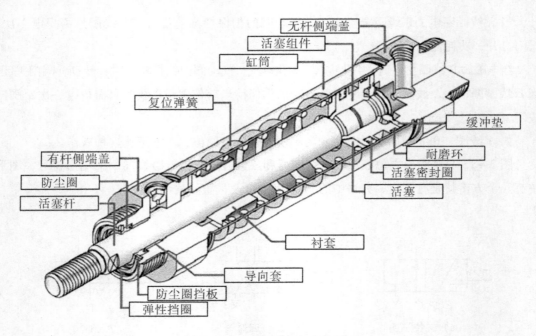

图 3 – 14   单作用气缸剖面图

单作用气缸原理如图 3 – 15 所示：气体进入气缸，活塞向后运动，弹簧被压缩，弹簧恢复，气体排出气缸，活塞向前运动。

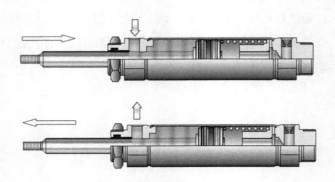

图 3 – 15   单作用气缸原理图

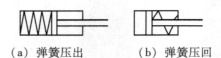

（a）弹簧压出   （b）弹簧压回

图 3 – 16   单作用气缸图形符号

气缸执行机构有单作用和双作用之分：单作用气缸执行机构是输入气压信号作用在气缸上产生压力与返回弹簧力相平衡，使阀门处于某一位置；双作用气缸执行机构有两路输入信号，分别作用在气缸的两侧（单气缸）或两个气缸（双气缸）上，两者平衡后使阀门处于某一位置。单作用气缸执行机构因有返回弹簧，气源故障或联锁动作时会处于初始位置（开或关）；双作用气缸执行机构需要加一储气罐，使阀门处于某一最终位置。

3. 气动手指（气爪）

气爪用于抓取、夹紧工件。气爪通常有滑动导轨型、支点开闭型和回转驱动型等工作方式。传输单元所使用的是滑动导轨型气爪，如图 3 – 17（a）所示。其工作原理可从图 3 – 17（b）和（c）看出。

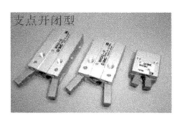
支点开闭型

滑动导轨型

（a）气爪实物

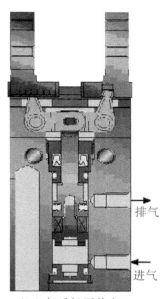
排气

进气

（b）气爪松开状态

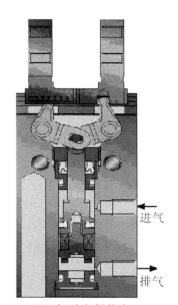
进气

排气

（c）气爪夹紧状态

图 3 – 17　气爪实物和工作原理

气爪控制，如图 3 – 18 所示。

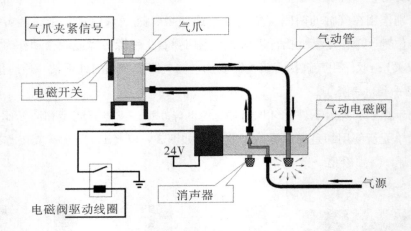

图 3 – 18　气爪控制示意图

气爪夹紧由单向电控气阀控制。当电控气阀得电时，气爪夹紧；当电控气阀断电后，气爪张开。

四、工作过程

（1）按启动按钮，系统开始工作；按下停止按钮，系统完成本次周期工作后停止。

（2）机械手臂伸出。

（3）等待 2s 后机械手臂下降。

（4）等待 1s 后气爪夹紧，抓住工件。

（5）等待 1s 后机械手臂上升。

（6）等待 2s 后机械手臂回缩。

（7）等待 2s 后机械手臂向右旋转。

（8）等待 2s 后机械手臂向前伸出。

（9）等待 2s 后机械手臂下降。

（10）等待 1s 后机械手臂的气爪放松，工件下落至传输带上。

（11）等待 1s 后机械手臂上升。

（12）等待 2s 后机械手臂回缩。

（13）等待 2s 后机械手臂向左旋转，完成本周期工作。未按下停止按钮时如此重复工作。

任务 ② 传输单元的控制回路

一、气动控制回路

气动控制回路是本工作单元的执行机构，该执行机构的逻辑控制功能是由 PLC 实现的。气动控制回路的工作原理如图 3 – 19 所示。图中 1A、2A、3A 和 4A 分别为旋转气缸、伸出回缩气缸、上升下降气缸和夹紧气缸，1Y1、1Y2、2Y1、2Y2、3Y1、3Y2 和 4Y1 分别为旋转气缸、伸出回缩气缸、上升下降气缸和夹紧气缸电磁阀的电磁控制端。以旋转气缸为例，1Y1 得电，1Y2 失电，气源从 1 进入，气路为 1→4→2→3，旋转气缸右转；1Y2 得电，1Y1 失电，气源从 1 进入，气路为 1→2→4→5，旋转气缸左转。伸出回缩气缸、上升下降气缸的工作原理与旋转气缸相同。夹紧气缸的电磁阀 4Y1 不得电时，气路为 1→2→4→5，气爪处于放松状态；4Y1 得电时，1→4→2→3，气爪处于夹紧状态。

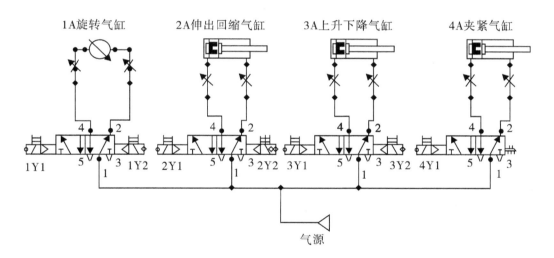

图 3 – 19　传输单元气动控制回路

二、电气控制回路

1. I/O 分配

电气接线包括在工作单元装置侧完成各传感器、电磁阀、电源端子等引线到装置侧接线端口之间的接线；在 PLC 侧进行电源连接、I/O 点接线等。传输单元装置侧的接线端口上各电磁阀和传感器的引线安排如表 3 − 1 所示。

表 3 − 1　传输单元装置侧的接线端口信号端子的分配

序号	设备符号	端子排号	输入地址	功能说明	序号	设备符号	端子排号	输出地址	功能说明
1	SB5	SB5 − 1	X001	启动按钮（绿）	1	YV1	46	Y011	机械手伸出
2	SB6	SB6 − 1	X002	停止按钮（红）	2	YV2	47	Y012	机械手回缩
3	B3	35	X016	机械手伸出到位	3	YV3	51	Y013	机械手上升
4	B4	36	X017	机械手回缩到位	4	YV4	50	Y014	机械手下降
5	B5	32	X020	机械手上升到位	5	YV5	48	Y015	机械手左转
6	B6	31	X021	机械手下降到位	6	YV6	49	Y016	机械手右转
7	B7	33	X022	机械手左转到位	7	YV7	52	Y017	气爪夹紧/放松
8	B8	34	X023	机械手右转到位	8				

2. 输入/输出接线

接线时应注意，装置侧接线端口中，输入信号端子的上层端子（+24V）只能作为传感器的正电源端，切勿用于电磁阀等执行元件的负载。电磁阀等执行元件的正电源端和 0V 端应连接到输出信号端子下层端子的相应端子上。装置侧接线完成后，应用扎带绑扎，力求整齐美观。

PLC 侧的接线，包括电源接线、PLC 的 I/O 点与 PLC 侧接线端口之间的连线、PLC 的 I/O 点与按钮指示灯模块的端子之间的连线。具体接线要求与工作任务有关。

电气接线的工艺应符合国家职业标准的规定。例如，导线连接到端子时，采用压紧端子压接方法；连接线须有符合规定的标号；每一端子连接的导线不超过 2 根等。详细接线如图 3 − 20 所示。

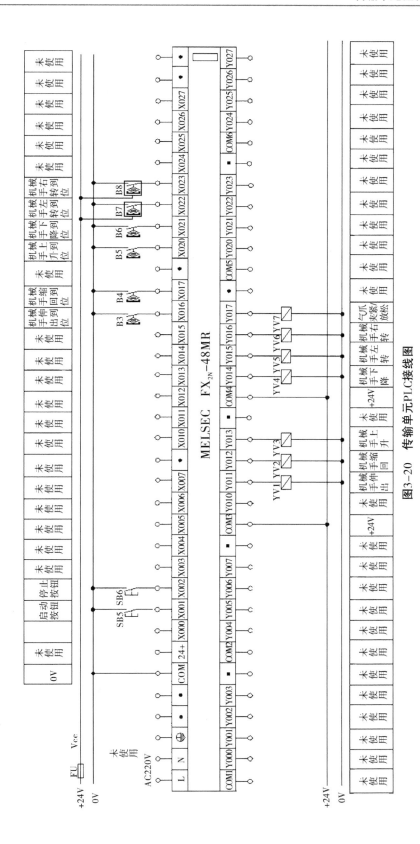

图3-20　传输单元PLC接线图

任务 3 　　**传输单元的 PLC 控制系统**

一、传输单元的工作任务

本模块只考虑传输单元作为独立设备运行时的情况，具体的控制要求为：

（1）按启动按钮，系统开始工作；按下停止按钮，系统完成本次周期工作后停止。

（2）机械手臂伸出。

（3）等待 2s 后机械手臂下降。

（4）等待 1s 后气爪夹紧，抓住工件。

（5）等待 1s 后机械手臂上升。

（6）等待 2s 后机械手臂回缩。

（7）等待 2s 后机械手臂向右旋转。

（8）等待 2s 后机械手臂向前伸出。

（9）等待 2s 后机械手臂下降。

（10）等待 1s 后机械手臂的气爪放松，工件下落至传输带上。

（11）等待 1s 后机械手臂上升。

（12）等待 2s 后机械手臂回缩。

（13）等待 2s 后机械手臂向左旋转，完成本周期工作。未按下停止按钮时，等待 2s 后重复本工作流程。

要求完成如下任务：

（1）根据 PLC 的 I/O 分配及接线端子分配，进行系统安装接线。

（2）根据控制要求，设计程序。

（3）调试与运行。

二、传输单元单站控制的编程思路

（1）根据控制要求，画出顺序控制的状态流程图。

PLC 上电后首先应进入初始状态检查阶段，确认系统已经准备就绪后，才允许投入运行，这样可及时发现存在的问题，避免出现事故。例如，若两个气缸在上电和气源接入时不在初始位置，这是气路连接错误的缘故，显然在这种情况下是不允许系统投入运行的。通常 PLC 控制系统都有这种常规的要求。

①程序结构：程序由两部分组成，一部分是系统状态显示，另一部分是供料控制。主程序在每一扫描周期都调用系统状态显示子程序，仅当在运行状态已经建立时才可能调用供料控制子程序。

②供料单元运行的主要过程是供料控制，它是一个步进顺序控制过程。其控制流程如图 3－21 所示。初始步 S0 在主程序中，当系统准备就绪且接收到启动脉冲时被置位。

③如果没有停止要求，顺控过程将周而复始地不断循环。常见的顺序控制系统的正常停止要求是，接收到停止指令后，系统完成本工作周期任务即返回到初始步后才复位，运行状态停止。

④系统的工作状态可通过在每一扫描周期调用"工作状态显示"子程序实现，工作状态包括是否准备就绪、运行/停止状态等。

图 3－23 是系统主程序梯形图，图中略去了状态显示子程序和步进顺序控制程序的梯形图，请读者继续自行完成。

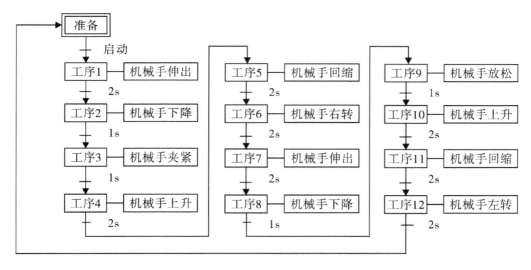

图 3－21　传输单元控制顺序流程图

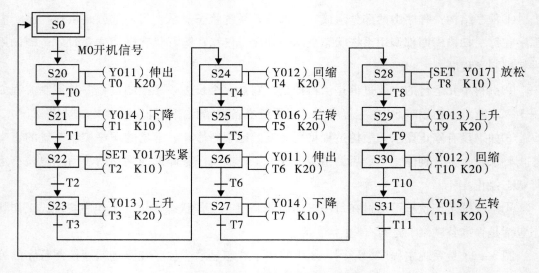

图 3 - 22　传输单元控制状态流程图

（2）根据状态流程图，画出相应的梯形图。

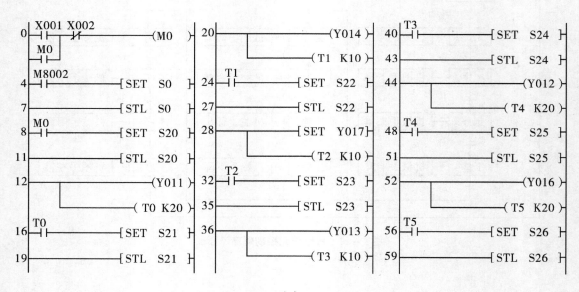

（a）

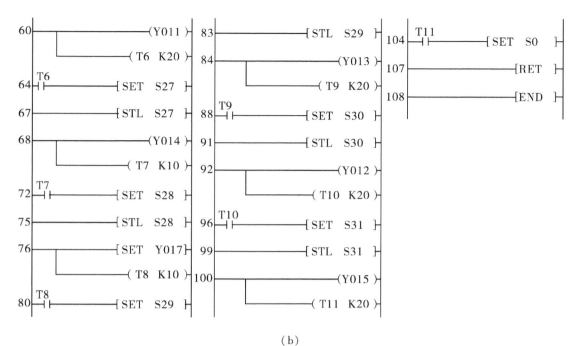

（b）

图 3 - 23　梯形图

（3）根据梯形图（如图 3 - 23 所示）写出对应的指令语句表。

序号	指令	操作数		序号	指令	操作数		序号	指令	操作数	
0	LD	X001		41	SET	S24		85	OUT	T9	K20
1	OR	M0		43	STL	S24		88	LD	T9	
2	ANI	X002		44	OUT	Y012		89	SET	S30	
3	OUT	M0		45	OUT	T4	K20	91	STL	S30	
4	LD	M8002		48	LD	T4		92	OUT	Y012	
5	SET	S0		49	SET	S25		93	OUT	T10	K20
7	STL	S0		51	STL	S25		96	LD	T10	
8	LD	M0		52	OUT	Y016		97	SET	S31	
9	SET	S20		53	OUT	T5	K20	99	STL	S31	
11	STL	S20		56	LD	T5		100	OUT	Y015	
12	OUT	Y011		57	SET	S26		101	OUT	T11	K20
13	OUT	T0	K20	59	STL	S26		104	LD	T11	
16	LD	T0		60	OUT	Y011		105	SET	S0	
17	SET	S21		61	OUT	T6	K20	107	RET		
19	STL	S21		64	LD	T6		108	END		
20	OUT	Y014		65	SET	S27					
21	OUT	T1	K10	67	STL	S27					
24	LD	T1		68	OUT	Y014					
25	SET	S22		69	OUT	T7	K10				
27	STL	S22		72	LD	T7					
28	SET	Y017		73	SET	S28					
29	OUT	T2	K10	75	STL	S28					
32	LD	T2		76	SET	Y017					
33	SET	S23		77	OUT	T8	K10				
35	STL	S23		80	LD	T8					
36	OUT	Y013		81	SET	S29					
37	OUT	T3	K20	83	STL	S29					
40	LD	T3		84	OUT	Y013					

图 3 - 24　指令语句表

（4）输入程序，调试运行。

①调整气动部分，检查气路是否正确、气压是否合理、气缸的动作速度是否合理。

②检查磁性开关的安装位置是否到位、磁性开关工作是否正常。

③检查 I/O 接线是否正确。

④检查电感式传感器安装是否合理、灵敏度是否合适，保证检测的可靠性。

⑤检查运行程序动作是否满足任务要求。

⑥调试各种可能出现的情况，例如，未满足原点条件，系统能否工作。

⑦优化程序。

▶▶ 学习小结 ▶▶

（1）电感式接近开关是利用电涡流效应制造的传感器。当有金属物体接近规定的感应距离时，传感器会发出一个电信号。

（2）电容式传感器是利用被测物体接近传感器时，传感器的电容量发生变化，从而引起振荡器振幅或频率的变化，由传感器的信号调理电路将该变化转换成开关量输出。

（3）双电控电磁阀的两个电控信号不能同时为"1"，即在控制过程中不允许两个线圈同时得电，否则可能会造成电磁线圈烧毁。

【思考与练习】

（1）本任务的工作过程的转换改成传感器检测，系统必须满足原点条件才能启动，如不满足原点条件，需复位后才能启动。按下复位按钮（黄色），系统将按照原点条件的要求进行有序复位，复位完成后，满足原点条件，黄灯长亮。试设计硬件电路和软件程序。（原点条件：机械手横臂靠近供料单元，处于回缩限位，竖臂处于上限位置，气爪处于放松状态）

（2）图 3-25 是一个输送带自动控制系统，其功能是自动输送工件至搬运车。控制要求如下：

①按下启动按钮 X0，电动机 1、2（Y1、Y2）运转，驱动输送带 1、2 移动；按下停止按钮 X1，输送带立即停止。

②当工件到达运转点，SQ1（X2）使输送带 1 停止，气缸 1 动作（Y3 有输出），将工件送上输送带 2。气缸采用自动归位型，当 SQ2（X3）检测气缸 1 到达定点位置，气缸 1 复位（Y3 无输出）。

③当工件到达运转点，SQ3（X4）使输送带 2 停止，气缸 2 动作（Y4 有输出），将工件送上搬运车，当 SQ4（X5）检测气缸 2 到达定点位置，气缸 2 复位（Y4 无输出）。

试列出输入/输出分配表，画出输入/输出接线图，完成 PLC 外部接线，画出状态转移图，编写梯形图及指令语句表，运行检查。

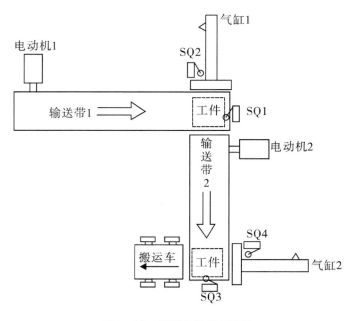

图 3 – 25　输送带运行示意图

模块 3 工作页

▶ 学习任务 ▶▶

　　在工业高速发展的年代，自动化生产线成为企业的宠儿，其中传输控制是经典应用。下图是 SX－815E 自动化生产线传输系统的实物图。本模块要求运用该传输系统将工件从供料系统的物料台搬运到分拣系统。

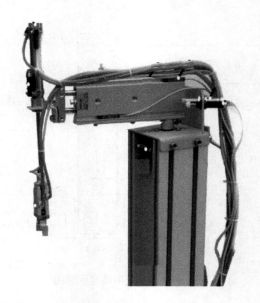

传输单元系统实物图

▶ 学习目标 ▶▶

　　（1）能完成传输单元 PLC 控制系统及外围设备的连接。

　　（2）能熟练使用 GX Developer 软件对传输系统进行编程、调试、运行。

　　（3）能正确填写工作记录并完成检测、验收。

　　（4）能正确描述传输系统的基本结构，正确分析传输系统的工作流程。

　　（5）熟悉电感式接近开关、电容式传感器等检测元件的工作原理。

　　（6）掌握气动回路、电气回路和整机调试方法。

工作过程

【A 分析】——分析任务，明确要求

（1）根据任务要求，画出系统工作流程图。

①在满足原点条件下，按启动按钮，系统开始工作。如不满足原点条件，系统无法启动。原点条件为：机械手横臂靠近供料单元，处于回缩位置，而竖臂处于上限位置，气爪放松。

②机械手臂伸出，伸出到位后手臂下降。

③气爪夹紧，抓住工件，2 秒后机械手臂上升，上升到位后手臂向后回缩。

④回缩到位后，手臂向右旋转到右限位。

⑤机械手臂向前伸出，手爪下降，气爪放松，工件下落至传输带上。

⑥机械手爪上升，手臂向后缩回，左旋转到左限位。

（2）看图填空，选择方框中的内容填写到传输系统实物图对应的位置。

> 手爪提升气缸　　双杆气缸　　旋转气缸　　手爪　　缓冲器
> 磁性开关（回缩限位）　　磁性开关（伸出限位）　　磁性开关（上升限位）
> 磁性开关（下降限位）　　接近开关（左转限位）　　接近开关（右转限位）
> 伸出调节阀　　回缩调节阀　　上升调节阀　　下降调节阀
> 双向电磁阀（上升/下降）　　双向电磁阀（伸出/回缩）
> 双向电磁阀（左转/右转）　　单向电磁阀（夹紧/放松）

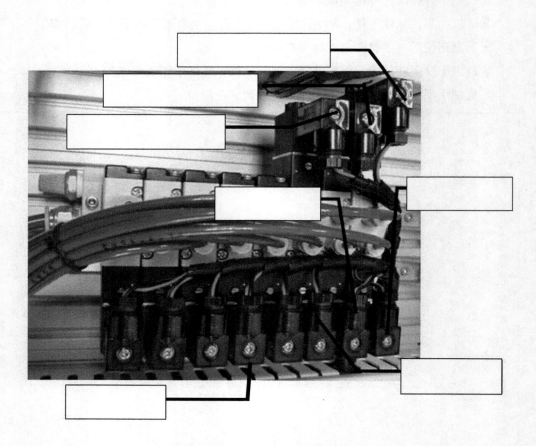

传输系统（机械手）电磁阀实物图

传输系统（机械手）结构实物图

（3）根据任务描述填写与 PLC 选择相关的项目需求配置表。

序号	项目内容	相关数据	备注
1	开关量输入点数需求		（按系统实际使用点数填写）
2	开关量输出点数需求		（按系统实际使用点数填写）
3	开关个数需求（按钮、转换开关）		（按系统实际使用数量填写）
4	使用的磁性开关、传感器总数量		（按实际使用数量填写）
5	本气动回路的电磁阀线圈数量		（按实际使用数量填写）
6	电机控制设备数量需求（包括变频器、中间继电器）		（按系统实际使用数量填写）
7	PLC 输出形式		（按实际型号技术参数填写）
8	PLC 输入端点数		（按实际型号所含点数填写）
9	PLC 输出端点数		（按实际型号所含点数填写）
10	所使用的 PLC 型号		（按实际型号技术参数填写）
11	PLC 工作电源电压		（按实际使用电压值填写）
12	本气动回路中使用的电磁阀工作电压		（按实际型号技术参数填写）

（注：数量表示——写具体数量，没有的写"无"）

（4）根据需求配置表，结合设备情况，填写系统的输入/输出端口。

输入		输出	
功能	PLC 输入点	功能	PLC 输出点
启动按钮		机械手伸出	
停止按钮		机械手回缩	
机械手伸出到位		机械手上升	
机械手回缩到位		机械手下降	
机械手上升到位		机械手左转	
机械手下降到位		机械手右转	
机械手左转到位		气爪夹紧/放松	
机械手右转到位			

【D 设计】——硬件电路

（1）根据【A 分析】阶段确定的输入/输出，绘制 PLC 接线图。

（2）用笔画出实物接线。

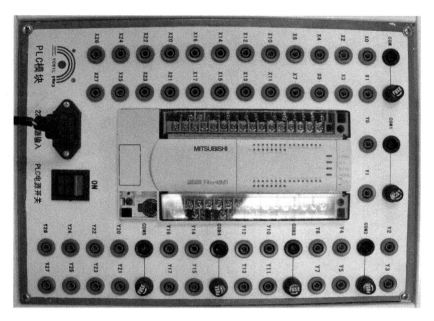

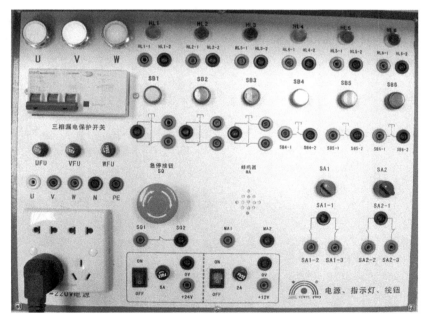

【D 开发】——程序设计

（1）根据【D 设计】阶段完成的硬件电路，开发程序，绘制程序流程图。

（2）将程序流程图转换为梯形图。

【I 实施】——整机调试

将程序下载到设备中试运行，并填写工作记录表。

序号	项目内容	运行情况	异常记录
1	开机		
2	下载程序		
3	指示灯显示		
4	运行情况		
5	程序修改次数		

【E 评估】——反馈

考核项目	参考内容	考核人员	考核结果	备注
工作技能（60%）	硬件电路接线是否正确	教师		
	程序流程图绘制是否正确	组长		
	GX 软件操作是否熟练	组长		
	PLC 与电脑通信设置	组长		
	整机上电调试操作是否熟练	教师		
工作表现（20%）	操作时间 （起：　　止：　　）	组长		
	无特殊原因未能及时完成任务或者拖延进度，该项为"差"	组长		
	按时完成任务者，结合工作质量，表现好的给予相应的奖励（如用时短、程序短）	教师		
	服从工作安排、积极参与讨论，提出建议以解决问题	组长		
	迟到、早退，未经批准离开工作岗位，未带学习用品，未按要求穿着工作服，本项分数为 0 分	组长		

（续上表）

考核项目	参考内容	考核人员	考核结果	备注
9S 管理（20%）	1. 仪器、工具摆放凌乱扣 2 分 2. 借用工具不归还扣 5 分，造成损坏或遗失的作相应赔偿 3. 没有保持桌面、地面整洁扣 2 分 4. 实训完成后没有对工作场地进行清扫扣 2 分 5. 带电违规操作（不包括调试和电流测量）扣 2 分 6. 乱摔焊锡扣 1 分 7. 电烙铁烫坏仪器、操作台等扣 5 分 8. 在实训过程中打闹扣 5 分 9. 没有节约使用耗材，浪费导线、焊锡等扣 2 分 10. 没按规定操作，发生重大安全事故扣 10 分，并视事故后果追究相关责任和赔偿	组长		

【自我测试】

（1）在模块 3 的基础上，增加以下功能：

急停功能：按下急停按钮，系统停止运行；松开急停按钮，系统处于停止状态。

指示灯显示：符合原点条件，绿灯长亮；不符合原点条件，红灯闪亮（0.5s 亮，0.5s 灭）。

处于急停状态时，绿灯闪亮（0.5s 亮，0.5s 灭）。

（2）三菱 PLC 的步进顺序控制指令：步进触头指令_____、步进返回指令_____。

（3）下图是_____位_____通的电磁阀，承受的压强范围为_____，左边电磁阀得电时，气体的方向是_____——→_____——→_____——→_____。

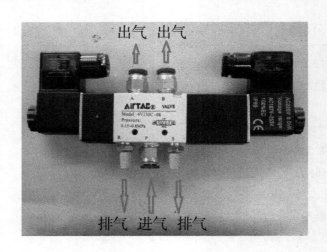

（4）电感式接近开关是利用_____制造的传感器。当有_____物体接近时，传感器会发出一个电信号。

分拣单元控制系统

▶ 学习任务 ▶▶

分拣单元完成对上一单元送来的已加工、装配工件的分拣，使不同颜色、材质的工件从不同的料槽分流。当输送站送来工件，放到传送带上并为落料口的光电传感器检测到时，即启动变频器，工件开始送入分拣区进行分拣。图 4 – 1 是 SX – 815E 自动化生产线分拣单元实物图。本模块要求实现对金属、白色塑料、蓝色塑料三种不同工件的准确分拣。

图 4 – 1　分拣单元控制系统实物图

▶ 学习目标 ▶▶

（1）能说出光纤传感器的工作原理。

（2）能熟练使用 GX Developer 软件对分拣系统进行编程、调试、运行。

（3）能正确填写工作记录并完成检测、验收。

（4）能正确描述分拣系统的基本结构，正确分析分拣系统的工作流程。

（5）熟悉变频器操作面板，会设置各种运行模式，能设置变频器的各种参数。

（6）掌握气动回路、电气回路和整机调试方法。

▶▶ **基础知识** ▶▶

任务 ❶ 分拣单元的结构和工作过程

一、分拣单元的结构

分拣单元的主要结构包括传送和分拣机构、传动带驱动机构、变频器模块、电磁阀组、接线端口、PLC 模块、按钮/指示灯模块及底板等。其中，该装置的装配结构如图 4 – 2 所示。

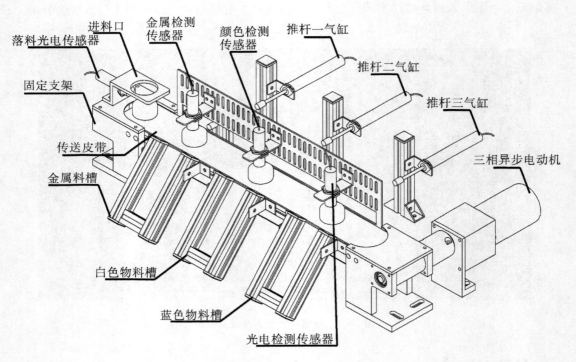

图 4 – 2 分拣单元结构图

落料光电传感器：检测是否有物料到传送带上，并给 PLC 一个输入信号。

进料口：物料落料位置定位。

金属料槽：放置金属物料。

白色物料槽：放置白色塑料物料。

蓝色物料槽：放置蓝色塑料物料。

电感式传感器（金属检测传感器）：检测金属材料，检测距离为 3～5mm。接线注意：棕色接"＋"、蓝色接"－"、黑色接输出。

电容式传感器（颜色检测传感器）：用于检测白色物料，检测距离为 5～10mm。接线注意：棕色接"＋"、蓝色接"－"、黑色接输出。

光电检测传感器：用于检测蓝色物料。

三相异步电动机：驱动传送带转动，由变频器控制。

推杆气缸：将物料推入料槽，由单向电控气阀控制。

该部分的工作原理是：当输送站送来工件放到传送带上并被进料定位 U 形板内置的光纤传感器检测到时，即启动变频器，工件开始送入分拣区进行分拣。当电感式传感器检测到金属工件，1#推杆气缸伸出，把金属工件推入第一条料槽内；当颜色检测传感器检测到白色工件，2#推杆气缸伸出，把白色工件推入第二条料槽内；当光电检测传感器检测到蓝色工件，3#推杆气缸伸出，把蓝色工件推入第三条料槽内。

二、传感器

1. 认识光纤传感器

光纤传感器是光电传感器的一种，具有以下优点：抗电磁干扰、可工作于恶劣环境、传输距离远、使用寿命长。此外，由于光纤头具有较小的体积，所以可以安装在空间很小的地方。

光纤传感器由带检测头的光纤、光纤放大器两部分组成，带检测头的光纤和放大器是分离的两个部分。光纤传感器外形如图 4－3 所示。

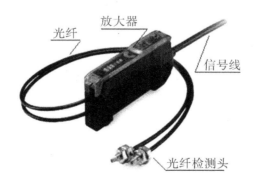

图 4－3　光纤传感器

光纤由一束玻璃纤维或由一条或几条合成纤维组成。光纤的工作原理是通过内部反射介质传递光线，将光从一处传导到另一处。

光纤传感器的灵敏度调节范围较大。当光纤传感器灵敏度调得较小时，对反射性较差的黑色物体，光电探测器无法接收到反射信号。而对反射性较好的白色物体，光电探测器就可以接收到反射信号。反之，若调高光纤传感器灵敏度，则即使对反射性较差的黑色物体，光电探测器也可以接收到反射信号。

2. 光纤传感器的符号及接线方式

光纤传感器引出线常用三线制，其图形符号及接线方式与光电开关相同，如图 4 - 4 所示。

图 4 - 4　光纤传感器的图形符号及接线方式

接线方式：棕色——电源正极；蓝色——电源负极；白色——信号公共端；黑色——信号正逻辑；灰色——信号负逻辑。

3. 安装调试光纤传感器

光纤传感器安装示意图如图 4 - 5 所示。安装时，将光纤分别插入光纤安装孔中，板下固定按钮将光纤锁紧，然后按引出线的颜色接线。接线时需根据引线颜色判断电源极性和信号输出线，避免把信号输出线直接连接到电源上损坏传感器。

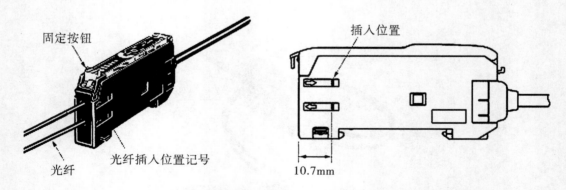

图 4 - 5　光纤传感器组件外形及放大器的安装示意图

光纤传感器放大器单元的俯视图如图 4 - 6 所示，调节其中部的 8 旋转灵敏度高速旋钮就能进行放大器灵敏度调节（顺时针旋转则灵敏度增大）。调节时，会看到"入光量显示灯"发光的变化。当探测器检测到物料时，"动作显示灯"会亮，提示检测到物料。

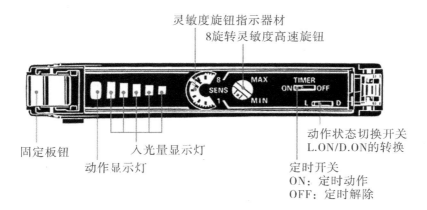

图 4-6 光纤传感器放大器单元的俯视图

本任务中，需使用两个同型号的光纤传感器分别检测白色和蓝色的塑料工件。所以，调试时，在第二槽光纤传感器下调节其灵敏度，使白色工件有检测信号输出而蓝色工件无检测信号输出；而第三槽只需调节其灵敏度，检测蓝色工件就达到检测要求。

三、电磁阀组和气动控制回路

分拣单元的电磁阀组使用了三个二位五通的带手控开关的单电控电磁阀，它们安装在汇流板上。这三个阀分别对三个出料槽的推动气缸的气路进行控制，以改变各自的动作状态。气动控制回路的工作原理如图 4-7 所示。

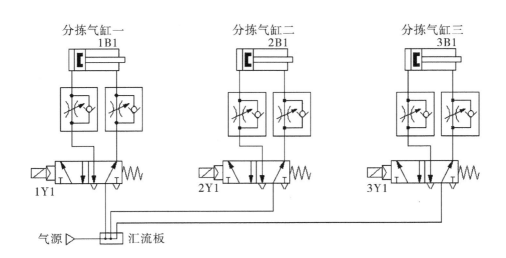

图 4-7 分拣单元气动控制回路工作原理图

四、电气控制回路

1. I/O 分配

电气接线包括在工作单元装置侧完成各传感器、电磁阀、电源端子等引线到装置侧接线端口之间的接线；在 PLC 侧进行电源连接、I/O 点接线等。分拣单元装置侧的接线端口上各电磁阀和传感器的引线安排如表 4-1 所示。

表 4-1　分拣单元装置侧的接线端口信号端子的分配

序号	设备符号	端子排号	输入地址	功能说明	序号	设备符号	端子排号	输出地址	功能说明
1	SB5	SB5-1	X001	启动按钮（绿）	1	STF	STF	Y000	传输带正转
2	SB6	SB6-1	X002	停止按钮（红）	2	RH	RH	Y001	高速
3	SC2	40	X010	落料检测	3	RM	RM	Y002	中速
4	SC3	43	X011	金属工件到位检测	4	RL	RL	Y003	低速
5	SC4	44	X012	白色工件到位检测	5	HL4	HL4-1	Y004	黄色指示灯
6	SC5	42	X013	蓝色工件到位检测	6	HL5	HL5-1	Y005	绿色指示灯
7	B9	37	X024	1#推料杆回缩到位	7	HL6	HL6-1	Y006	红色指示灯
8	B10	38	X025	2#推料杆回缩到位	8	YV8	53	Y020	1#推料杆伸/缩
9	B11	39	X026	3#推料杆回缩到位	9	YV9	54	Y021	2#推料杆伸/缩
					10	YV10	55	Y022	3#推料杆伸/缩

2. 输入/输出接线图

分拣单元系统电气控制的回路如图 4-8 分拣单元接线图所示。

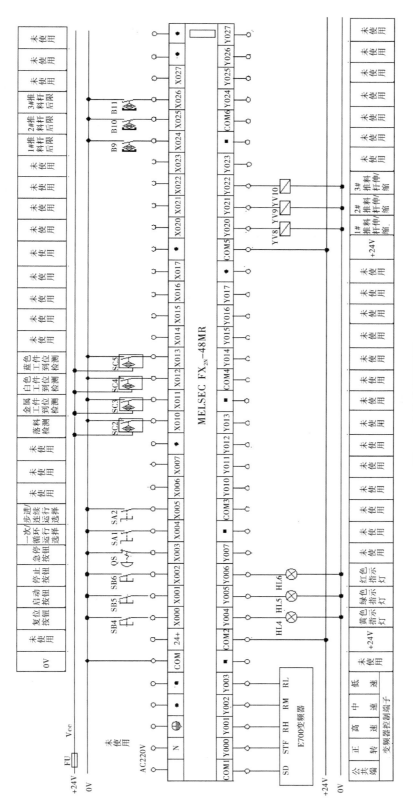

图4-8 分拣单元接线图

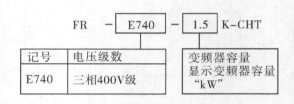

任务 ② 　三菱 FR – E740 变频器

一、FR – E740 变频器的安装和接线

该自动生产线系统分拣单元的变频器选用三菱 FR – E700 系列变频器中的 FR – E740 – 0.75K – CHT 型变频器。该变频器额定电压等级为三相 400V，适用电机容量 0.75kW 及以下的电动机。FR – E700 系列变频器的外观和型号定义如图 4 – 9 所示。

（a）FR–E700变频器外观　　　　　　（b）变频器型号定义

图 4 – 9　FR – E700 系列变频器

FR – E700 系列变频器是 FR – E500 系列变频器的升级产品，是一种小型的高性能变频器。

FR – E740 变频器主电路的通用接线如图 4 – 10 所示。

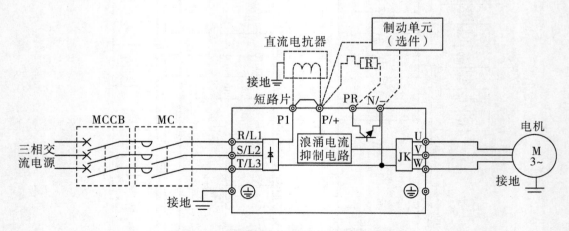

图 4 – 10　FR – E740 变频器主电路的通用接线

图中有关说明如下：

①端子 P1、P/＋之间须以连接直流电抗器，不连接时，两端子间短路。

②P/＋与 PR 之间用以连接制动电阻器，P/＋与 N/－之间用以连接制动单元选件。YL－335B 设备均未使用，故用虚线画出。

③交流接触器 MC 用以实现变频器安全保护的目的，注意不要通过此交流接触器来启动或停止变频器，否则可能降低变频器寿命。在 YL－335B 系统中，没有使用交流接触器。

④进行主电路接线时，应确保输入、输出端不能接错，即电源线必须连接至 R/L1、S/L2、T/L3，绝对不能接 U、V、W，否则会损坏变频器。

FR－E740 系列变频器控制电路的接线如图 4－11 所示。

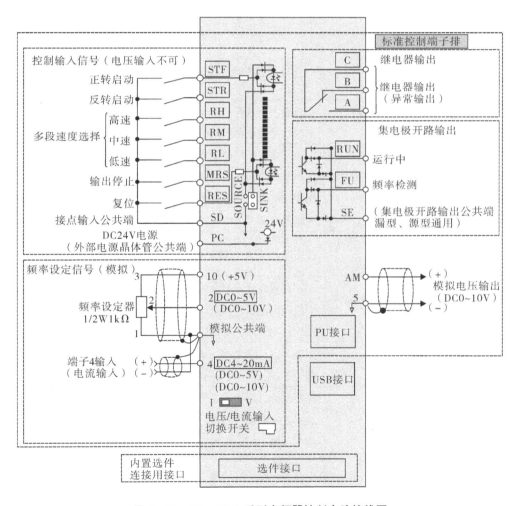

图 4－11　FR－E740 系列变频器控制电路接线图

图中，控制电路端子分为控制输入、频率设定（模拟量输入）、继电器输出（异常输出）、集电极开路输出（状态检测）和模拟电压输出 5 部分区域，各端子的功能可通过调整相关参数的值进行变更。在出厂初始值的情况下，各控制电路端子的功能说明如表 4 - 2、表 4 - 3 和表 4 - 4 所示。

表 4 - 2　控制电路输入端子的功能说明

种类	端子编号	端子名称	端子功能说明	
接点输入	STF	正转启动	STF 信号为 ON 时为正转、OFF 时为停止指令	STF、STR 信号同时为 ON 时变成停止指令
	STR	反转启动	STR 信号为 ON 时为反转、OFF 时为停止指令	
	RH RM RL	多段速度选择	用 RH、RM 和 RL 信号的组合可以选择多段速度	
	MRS	输出停止	MRS 信号为 ON（20ms 或以上）时，变频器输出停止。用电磁制动器停止电机时用于断开变频器的输出	
	RES	复位	用于解除保护电路动作时的报警输出。请使 RES 信号处于 ON 状态 0.1s 或以上，然后断开 初始设定为始终可进行复位。但进行了 Pr. 75 的设定后，仅在变频器报警发生时可进行复位。复位时间约为 1s	
	SD	接点输入公共端（漏型）（初始设定）	接点输入端子（漏型逻辑）的公共端子	
		外部电源晶体管公共端（源型）	源型逻辑时当连接晶体管输出（即集电极开路输出），例如可编程序控制器（PLC）时，将晶体管输出用的外部电源公共端接到该端子时，可以防止因漏电引起的错误动作	
		DC24V 电源公共端	DC24V、0.1A 电源（端子 PC）的公共输出端子，与端子 5 及端子 SE 绝缘	
	PC	外部电源晶体管公共端（漏型）（初始设定）	漏型逻辑时当连接晶体管输出（即集电极开路输出），例如可编程序控制器（PLC）时，将晶体管输出用的外部电源公共端接到该端子时，可以防止因漏电引起的错误动作	
		接点输入公共端（源型）	接点输入端子（源型逻辑）的公共端子	
		DC24V 电源	可作为 DC24V、0.1A 的电源使用	

（续上表）

种类	端子编号	端子名称	端子功能说明
频率设定	10	频率设定用电源	作为外接频率设定（速度设定）用电位器时的电源使用（按照 Pr.73 模拟量输入选择）
	2	频率设定（电压）	如果输入 DC0～5V（或 0～10V），在 5V（10V）时为最大输出频率，输入与输出成正比。通过 Pr.73 进行 DC0～5V（初始设定）和 DC0～10V 输入的切换操作
	4	频率设定（电流）	若输入 DC4～20mA（或 0～5V，0～10V），在 20mA 时为最大输出频率，输入与输出成正比。只有 AU 信号为 ON 时，端子 4 的输入信号才会有效（端子 2 的输入将无效）。通过 Pr.267 进行 4～20mA（初始设定）和 DC0～5V、DC0～10V 输入的切换操作 电压输入（0～5V/0～10V）时，请将电压/电流输入切换开关切换至 "V"
	5	频率设定公共端	频率设定信号（端子 2 或 4）及端子 AM 的公共端子。请勿接大地

表 4 - 3 控制电路接点输出端子的功能说明

种类	端子记号	端子名称	端子功能说明	
继电器输出	A、B、C	继电器输出（异常输出）	指示变频器因保护功能动作时输出停止的 1c 接点输出。异常时：B－C 不导通（A－C 导通），正常时：B－C 导通（A－C 不导通）	
集电极开路输出	RUN	变频器正在运行	变频器输出频率大于或等于启动频率（初始值 0.5Hz）时为低电平，已停止或正在直流制动时为高电平	
	FU	频率检测	输出频率大于或等于任意设定的检测频率时为低电平，未达到时为高电平	
	SE	集电极开路输出公共端	端子 RUN、FU 的公共端子	
模拟电压输出	AM	模拟电压输出	可以从多种监视项目中选一种作为输出。变频器复位中不被输出。输出信号与监视项目的大小成比例	输出项目： 输出频率（初始设定）

表 4 - 4　控制电路网络接口的功能说明

种类	端子记号	端子名称	端子功能说明
RS - 485		PU 接口	通过 PU 接口，可进行 RS - 485 通信 标准规格：EIA - 485（RS - 485） 传输方式：多站点通信 通信速率：4 800 ~ 38 400bps 总长距离：500m
USB		USB 接口	与个人电脑通过 USB 连接后，可以实现 FR Configurator 的操作 接口：USB1.1 标准 传输速度：12Mbps 连接器：USB 迷你 - B 连接器（插座：迷你 - B 型）

　　如果分拣单元的机械部分已经装配好，在完成主电路接线后，就可以用变频器驱动电动机试运行。若变频器的运行模式参数 Pr. 79 为出厂设置值，把调速电位器的三个引出端①、②、③端分别连接到变频器的端子⑩、②、⑤，并向左旋动电位器到底；接通电源后，拨通 STF 端子左边的钮子开关，慢慢向右旋动电位器，可以看到电动机正向转动，变频器输出频率逐渐增大，电动机转速逐渐加快。

二、变频器的操作面板与操作训练

1. FR - E700 系列的操作面板

　　使用变频器之前，首先要熟悉它的面板显示和键盘操作单元（或称控制单元），并且按使用现场的要求合理设置参数。FR - E700 系列变频器的参数设置，通常利用固定在其上的操作面板（不能拆下）实现，也可以使用连接到变频器 PU 接口的参数单元（FR - PU07）实现。使用操作面板可以进行运行方式、频率的设定，运行指令监视。操作面板如图 4 - 12 所示，其上半部为面板显示器，下半部为 M 旋钮和各种按键。它们的具体功能分别如表 4 - 5 和表 4 - 6 所示。

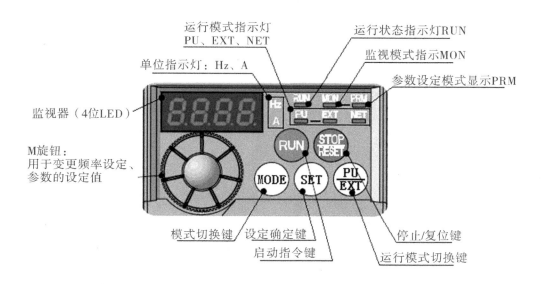

图 4 - 12　FR - E700 的操作面板

表 4 - 5　旋钮、按键功能

旋钮和按键	功能
M 旋钮（三菱变频器旋钮）	旋动该旋钮用于变更频率设定、参数的设定值。按下该旋钮可显示以下内容： ①监视模式时的设定频率 ②校正时的当前设定值 ③报警历史模式时的顺序
模式切换键 MODE	用于切换各设定模式。和运行模式切换键同时按下也可以用来切换运行模式。 长按此键（2s）可以锁定操作
设定确定键 SET	各设定的确定 此外，当运行中按此键，监视器则出现以下显示： 运行频率 → 输出电流 → 输出电压
运行模式切换键 PU/EXT	用于切换 PU/外部运行模式 使用外部运行模式（通过另接的频率设定电位器和启动信号启动的运行）时，请按此键，使表示运行模式的 EXT 处于亮灯状态 切换至组合模式时，可同时按 MODE 键 0.5s，或者变更参数 Pr. 79
启动指令键 RUN	在 PU 模式下，按此键启动运行 通过 Pr. 40 的设定，可以选择旋转方向
停止/复位键 STOP/RESET	在 PU 模式下，按此键停止运转 保护功能（严重故障）生效时，也可以进行报警复位

表 4 – 6　运行状态显示

显示	功能
运行模式显示	PU：PU 运行模式时亮灯 EXT：外部运行模式时亮灯 NET：网络运行模式时亮灯
监视器 （4 位 LED）	显示频率、参数编号等
监视数据单位显示	Hz：显示频率时亮灯；A：显示电流时亮灯 （显示电压时熄灯，显示设定频率监视时闪烁）
运行状态显示 RUN	当变频器动作中亮灯或者闪烁；其中： （1）亮灯——正转运行中 （2）缓慢闪烁（1.4s 循环）——反转运行中 （3）下列情况下出现快速闪烁（0.2s 循环）： ①按键或输入启动指令都无法运行时 ②有启动指令，但频率指令在启动频率以下时 ③输入了 MRS 信号时
参数设定模式显示 PRM	参数设定模式时亮灯
监视器显示 MON	监视模式时亮灯

2. 变频器的运行模式

由表 4 – 5 和表 4 – 6 可见，在变频器不同的运行模式下，各种按键、M 旋钮的功能各异。所谓运行模式是指对输入变频器的启动指令和设定频率的命令来源的指定。

一般来说，使用控制电路端子、在外部设置电位器和开关来进行操作的是"外部运行模式"，使用操作面板或参数单元输入启动指令、设定频率的是"PU 运行模式"，通过 PU 接口进行 RS – 485 通信或使用通信选件的是"网络运行模式（NET 运行模式）"。在进行变频器操作以前，必须了解其各种运行模式，才能进行各项操作。

FR – E700 系列变频器通过参数 Pr.79 的值来指定变频器的运行模式，设定值范围为 0、1、2、3、4、6、7。这 7 种运行模式的内容以及相关 LED 指示灯的状态如表 4 – 7 所示。

表 4 – 7　运行模式选择 （Pr. 79）

设定值	内容		LED 显示状态 (▭：灭灯　▬：亮灯)
0	外部/PU 切换模式，通过 PU/EXT 键可切换 PU 与外部运行模式 注意：接通电源时为外部运行模式		外部运行模式： EXT　　　　PU 运行模式： PU
1	固定为 PU 运行模式		PU
2	固定为外部运行模式 可以在外部、网络运行模式间切换运行		外部运行模式： EXT　　　　网络运行模式： NET
3	外部/PU 组合运行模式 1		PU EXT
3	**频率指令**	**启动指令**	
3	用操作面板设定，或用参数单元设定，或外部信号输入 [多段速设定，端子 4—5（AU 信号为 ON 时有效）]	外部信号输入（端子 STF、STR）	
4	外部/PU 组合运行模式 2		
4	**频率指令**	**启动指令**	
4	外部信号输入（端子 2、4、JOG、多段速选择等）	通过操作面板的 RUN 键，或通过参数单元的 FWD、REV 键来输入	
6	切换模式 可以在保持运行状态的同时，进行 PU 运行、外部运行、网络运行的切换		PU 运行模式：　PU 外部运行模式：　EXT 网络运行模式：　NET
7	外部运行模式（PU 运行互锁） X12 信号为 ON 时，可切换到 PU 运行模式（外部运行中输出停止） X12 信号为 OFF 时，禁止切换到 PU 运行模式		PU 运行模式：　PU 外部运行模式：　EXT

　　变频器出厂时，参数 Pr. 79 设定值为 0。当停止运行时，用户可以根据实际需要修改其设定值。

修改 Pr. 79 设定值的一种方法是：按 $\boxed{\text{MODE}}$ 键使变频器进入参数设定模式；旋动 M 旋钮，选择参数 Pr. 79，用 $\boxed{\text{SET}}$ 键确定之；然后再旋动 M 旋钮选择合适的设定值，用 $\boxed{\text{SET}}$ 键确定之；两次按 $\boxed{\text{MODE}}$ 键后，变频器的运行模式将变更为设定的模式。

图 4 – 13 是设定参数 Pr. 79 的一个例子。该例子把变频器从固定外部运行模式变更为组合运行模式 1。

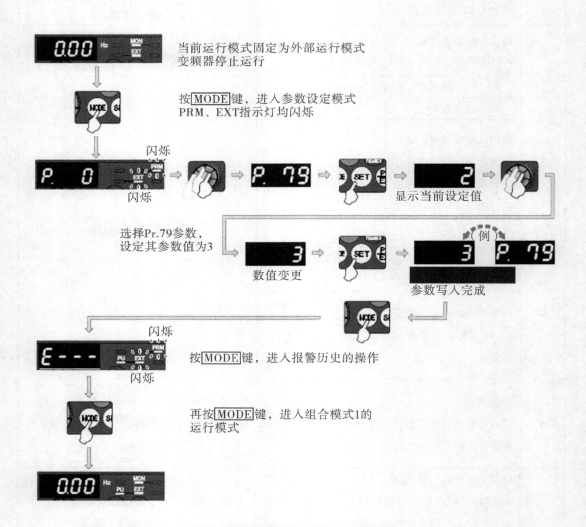

当前运行模式固定为外部运行模式
变频器停止运行

按 $\boxed{\text{MODE}}$ 键，进入参数设定模式
PRM、EXT指示灯均闪烁

显示当前设定值

选择Pr.79参数，
设定其参数值为3

数值变更

参数写入完成

按 $\boxed{\text{MODE}}$ 键，进入报警历史的操作

再按 $\boxed{\text{MODE}}$ 键，进入组合模式1的
运行模式

图 4 – 13 变频器的运行模式变更示例

3. 参数的设定

变频器参数的出厂设定值被设置为完成简单的变速运行。如需按照负载和操作要求设定参数，则应进入参数设定模式，先选定参数号，然后设置其参数值。设定参数分两种情

况：一种是停机 STOP 方式下重新设定参数，这时可设定所有参数；另一种是在运行时设定，这时只允许设定部分参数，但是可以核对所有参数号及参数。图 4 – 14 是参数设定过程的一个例子，所完成的操作是把参数 Pr. 1（上限频率）从出厂设定值 120.0Hz 变更为 50.00Hz，假定当前运行模式为外部/PU 切换模式（Pr. 79 = 0）。

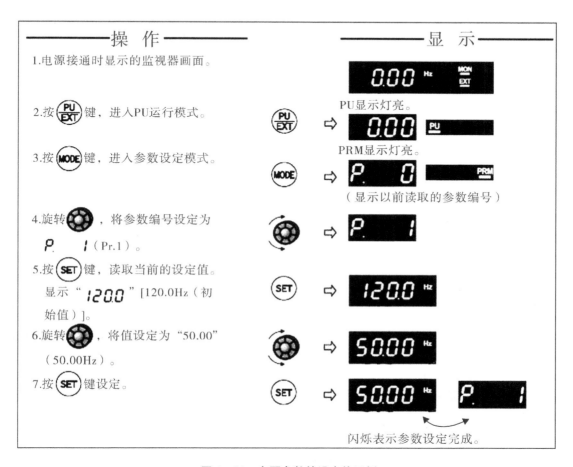

图 4 – 14　变更参数的设定值示例

图 4 – 14 的参数设定过程，需要先切换到 PU 模式下，再进入参数设定模式，与图 4 – 13 的方法有所不同。实际上，在任一运行模式下，按 MODE 键，都可以进入参数设定，如图 4 – 13 所示那样，但只能设定部分参数。

4. 常用参数设置训练

FR – E700 变频器有几百个参数，实际使用时只需根据使用现场的要求设定部分参数，其余保持出厂设定值即可。对一些常用参数则应该熟悉。

下面根据分拣单元工艺过程对变频器的要求，介绍一些常用参数的设定，包括变频器的运行环境，驱动电机的规格、运行的限制，参数的初始化，电机的启动、运行和调速、制动等命令的来源，频率的设置等方面。关于参数设定更详细的说明请参阅 FR – E700 使用手册。

（1）输出频率的限制（Pr. 1、Pr. 2、Pr. 18）。

为了限制电机的速度，应对变频器的输出频率加以限制。用 Pr. 1 "上限频率" 和 Pr. 2 "下限频率" 来设定，可将输出频率的上、下限钳位。

当在 120Hz 以上运行时，用参数 Pr. 18 "高速上限频率" 设定高速输出频率的上限。

Pr. 1 与 Pr. 2 出厂设定范围为 0 ~ 120Hz，出厂设定值分别为 120Hz 和 0Hz。Pr. 18 出厂设定范围为 120 ~ 400Hz。输出频率和设定值的关系如图 4 – 15 所示。

（2）加/减速时间（Pr. 7、Pr. 8、Pr. 20、Pr. 21）。

各参数的意义及设定范围如表 4 – 8 所示。

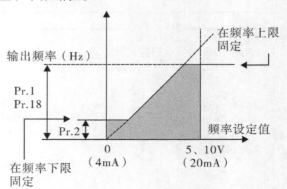

图 4 – 15　输出频率与设定值的关系

表 4 – 8　加/减速时间相关参数的意义及设定范围

参数号	参数意义	出厂设定	设定范围	备注
Pr. 7	加速时间	5s	0 ~ 3 600/360s	根据 Pr. 21 加/减速时间单位的设定值进行设定。初始值的设定范围为 "0 ~ 3 600s"、设定单位为 "0.1s"
Pr. 8	减速时间	5s	0 ~ 3 600/360s	
Pr. 20	加/减速基准频率	50Hz	1 ~ 400Hz	
Pr. 21	加/减速时间单位	0	0/1	0：0 ~ 3 600s；单位：0.1s 1：0 ~ 360s；　单位：0.01s

设定说明：

①Pr. 20 为加/减速的基准频率，在我国就选定为 50Hz。

②Pr. 7 加速时间用于设定从停止到 Pr. 20 加/减速基准频率的加速时间。

③Pr. 8 减速时间用于设定从 Pr. 20 加/减速基准频率到停止的减速时间。

（3）多段速运行模式的操作。

变频器在外部操作模式或组合操作模式 2 下，可以通过外接的开关器件的组合通断改变输入端子的状态来实现。这种控制频率的方式称为多段速控制功能。

FR – E740 变频器的速度控制端子是 RH、RM 和 RL。通过这些开关的组合可以实现 3 段、7 段的控制。

转速的切换：由于转速的挡次是按二进制的顺序排列的，故 3 个输入端可以组合成 3 挡至 7 挡（0 状态不计）转速。其中，3 段速由 RH、RM、RL 单个通断来实现，7 段速由 RH、RM、RL 通断的组合来实现。

7 段速的各自运行频率由参数 Pr. 4 ~ Pr. 6（设置前 3 段速的频率）、Pr. 24 ~ Pr. 27（设置第 4 段速至第 7 段速的频率）来设定，对应的控制端状态及参数关系如图 4 - 16 所示。

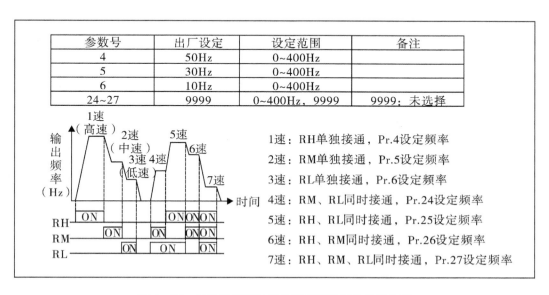

图 4 - 16　多段速控制对应的控制端状态及参数关系

多段速度在 PU 运行和外部运行中都可以设定，运行期间参数值也能被改变。

在 3 速设定的场合，2 速以上同时被选择时，低速信号的设定频率优先。

最后指出，如果把参数 Pr. 183 设置为 8，将 MRS 端子的功能转换成多段速控制端 REX，就可以用 RH、RM、RL 和 REX（由）通断的组合来实现 15 段速。详细的说明请参阅 FR - E700 使用手册。

（4）通过模拟量输入（端子 2、4）设定频率。

分拣单元变频器的频率设定，除了用 PLC 输出端子控制多段速度设定外，也有连续设定频率的需求。例如，在变频器安装和接线完成后，进行运行试验时，常常用调速电位器连接到变频器的模拟量输入信号端，进行连续调速试验。此外，在触摸屏上指定变频器的频率，则此频率也应该是连续可调的。需要注意的是，如果要用模拟量输入（端子 2、4）设定频率，则 RH、RM、RL 端子应断开，否则多段速度设定优先。

①模拟量输入信号端子的选择。

FR - E700 系列变频器提供 2 个模拟量输入信号端子（端子 2、4）用作连续变化的频率设定。在出厂设定情况下，只能使用端子2，端子4无效。

要使端子4有效，需要在各接点输入端子STF、STR、RES等之中选择一个，将其功能定义为AU信号输入。当这个端子与SD端短接时，AU信号为ON，端子4变为有效，端子2变为无效。

例如，选择RES端子用作AU信号输入，则设置参数Pr.184 = "4"。在RES端子与SD端之间连接一个开关，当此开关断开时，AU信号为OFF，端子2有效；反之，当此开关接通时，AU信号为ON，端子4有效。

②模拟量信号的输入规格。

如果使用端子2，模拟量信号可为0～5V或0～10V的电压信号，用参数Pr.73指定，其出厂设定值为1，指定为0～5V的输入规格，并且不可逆运行。参数Pr.73的取值范围为0、1、10、11，具体内容见表4-9。

如果使用端子4，模拟量信号可为电压输入（0～5V、0～10V）或电流输入（4～20mA初始值），用参数Pr.267和电压/电流输入切换开关设定，并且要输入与设定相符的模拟量信号。Pr.267的取值范围为0、1、2，具体内容见表4-9。

必须注意的是，若发生切换开关与输入信号不匹配的错误（如开关设定为电流输入I，端子输入却为电压信号；或反之）时，会导致外部输入设备或变频器故障。

对于频率设定信号（DC0～5V、0～10V或4～20mA）的相应输出频率的大小可用参数Pr.125（对端子2）或Pr.126（对端子4）设定，用于确定输入增益（最大）的频率。它们的出厂设定值均为50Hz，设定范围为0～400Hz。

表4-9　模拟量输入选择（Pr.73、Pr.267）

参数号	名称	初始值	设定范围	内容	
Pr.73	模拟量输入选择	1	0	端子2输入0～10V	无可逆运行
			1	端子2输入0～5V	
			10	端子2输入0～10V	有可逆运行
			11	端子2输入0～5V	
Pr.267	端子4输入选择	0		电压/电流输入切换开关	内容
			0	⊡ I ▭ V ⊡	端子4输入4～20mA
			1	I ▭ V	端子4输入0～5V
			2		端子4输入0～10V

（注：电压输入时，输入电阻10kΩ±1kΩ，最大容许电压DC20V；电流输入时，输入电阻233Ω±5Ω，最大容许电流30mA）

5. 参数清除

如果用户在参数调试过程中遇到问题，并且希望重新开始调试，可用参数清除操作方法实现。即在 PU 运行模式下，设定 Pr. CL 参数清除、ALLC 参数全部清除均为 "1"，使参数恢复为初始值。（但如果设定 Pr. 77 参数写入选择 = "1"，则无法清除）

参数清除操作，需要在参数设定模式下，用 M 旋钮选择参数编号为 Pr. CL 和 ALLC，把它们的值均置为 1，操作步骤如图 4 - 17 所示。

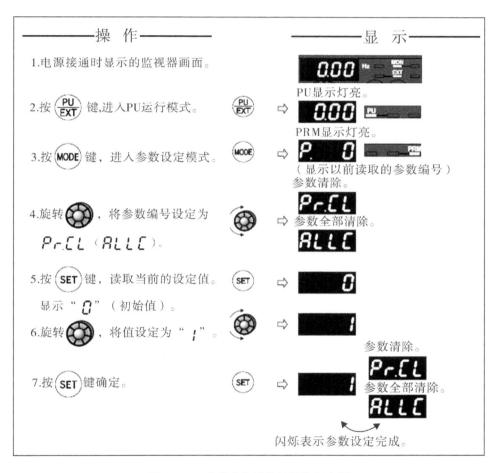

图 4 - 17　参数全部清除的操作示意图

任务 **③** **分拣单元的 PLC 控制系统**

一、工作任务

（1）设备的工作目标是完成对金属工件、白色工件和蓝色工件的分拣。

（2）设备上电和气源接通后，若工作单元的三个气缸均处于缩回位置，则"正常工作"指示灯黄灯长亮，表示设备准备好。否则，该指示灯以 0.5s 频率闪烁。

（3）若设备准备好，按下启动按钮，系统启动，"设备运行"指示灯绿灯长亮。当传送带入料口放下工件时，变频器即启动，驱动传动电动机以频率固定为 30Hz 的速度，把工件带往分拣区。

如果工件为金属件，则该工件对到达 1 号滑槽中间，传送带停止，工件对被推到 1 号槽中；如果工件为白色塑料件，则该工件对到达 2 号滑槽中间，传送带停止，工件对被推到 2 号槽中；如果工件为蓝色工件，则该工件对到达 3 号滑槽中间，传送带停止，工件对被推到 3 号槽中。工件被推出滑槽后，该工作单元的一个工作周期结束。仅当工件被推出滑槽后，才能再次向传送带下料。

如果在运行期间按下停止按钮，该工作单元在本工作周期结束后停止运行。

要求完成如下任务：

（1）规划 PLC 的 I/O 分配及接线端子分配。

（2）进行系统安装接线。

（3）按控制要求编制 PLC 程序。

（4）进行调试与运行。

二、分拣单元单站控制的编程思路

（1）分拣单元的主要工作过程是分拣控制。应在上电后，首先进行初始状态的检查，确认系统准备就绪后，按下启动按钮，进入运行状态，才开始分拣过程的控制。初始状态检查的程序流程与前面所述的供料、传输等单元是类似的。但前面所述的几个特定位置数据，须在上电第一个扫描周期写到相应的数据存储器中。

系统进入运行状态后，应随时检查是否有停止按钮按下。若停止指令已经发出，则应在系统完成一个工作周期回到初始步时，复位运行状态和初始步，使系统停止。

这一部分程序的编制，请读者自行完成。

（2）分拣过程是一个步进顺控程序，编程思路如下：

①当检测到待分拣工件下料到进料口后，以固定频率启动变频器驱动电机运转。

②当工件经过安装在传感器支架上的光纤探头和电感式传感器时，根据 2 个传感器动作与否，判别工件的属性，决定程序的流向。

③根据工件属性和分拣任务要求，在相应的推料杆位置把工件推出。推料杆返回后，步进顺控子程序返回初始步。其控制顺序流程图和状态流程图如图 4 - 18 和图 4 - 19 所示。

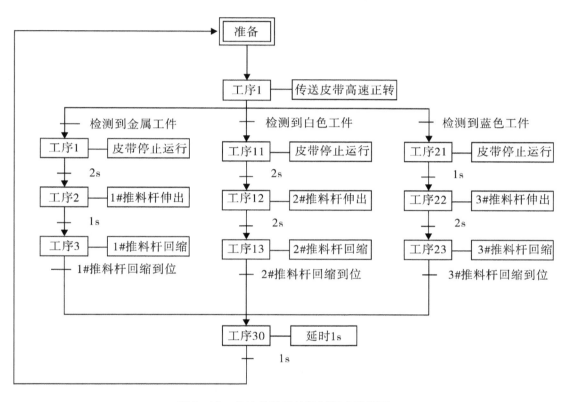

图 4 - 18　分拣单元系统控制顺序流程图

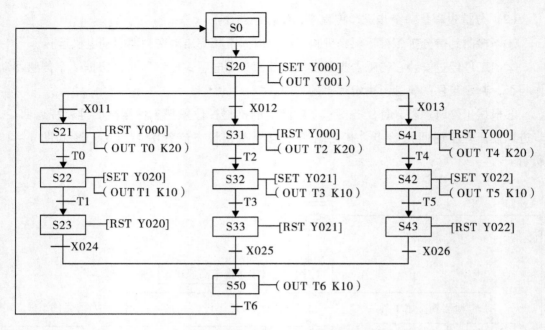

图 4 - 19　分拣单元的状态流程图

（3）根据状态流程图，画出相应的梯形图。

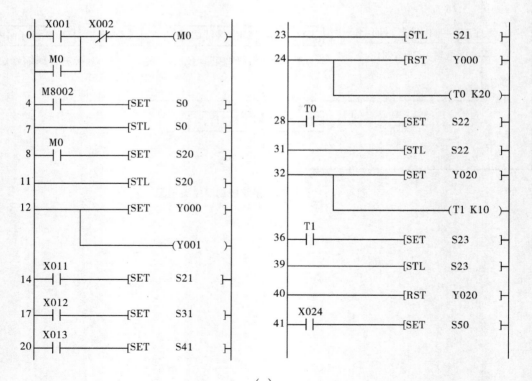

（a）

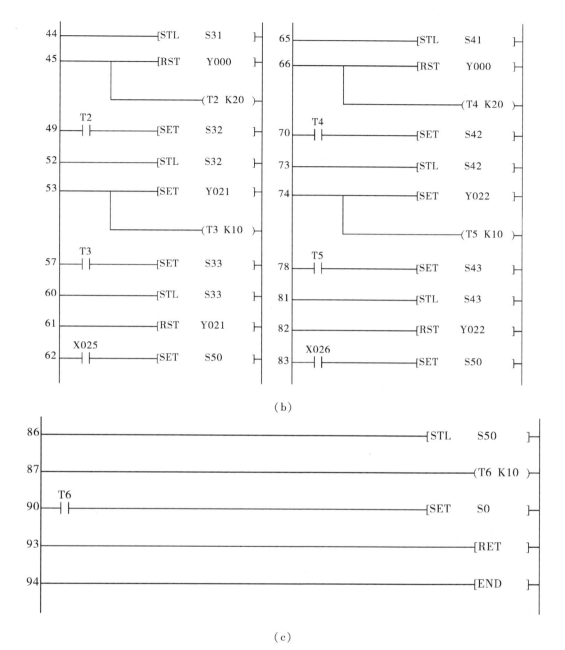

（b）

（c）

图 4-20　分拣单元梯形图

（4）根据梯形图（如图 4 – 20 所示）写出对应的指令语句表。

序号	指令	操作数		序号	指令	操作数		序号	指令	操作数	
0	LD	X001		39	STL	S23		81	STL	S43	
1	OR	M0		40	RST	Y020		82	RST	Y022	
2	ANI	X002		41	LD	X024		83	LD	X026	
3	OUT	M0		42	SET	S50		84	SET	S50	
4	LD	M8002		44	STL	S31		86	STL	S50	
5	SET	S0		45	RST	Y000		87	OUT	T6	K10
7	STL	S0		46	OUT	T2	K20	90	LD	T6	
8	LD	M0		49	LD	T2		91	SET	S0	
9	SET	S20		50	SET	S32		93	RET		
11	STL	S20		52	STL	S32		94	END		
12	SET	Y000		53	SET	Y021					
13	OUT	Y001		54	OUT	T3	K10				
14	LD	X011		57	LD	T3					
15	SET	S21		58	SET	S33					
17	LD	X012		60	STL	S33					
18	SET	S31		61	RST	Y021					
20	LD	X013		62	LD	X025					
21	SET	S41		63	SET	S50					
23	STL	S21		65	STL	S41					
24	RST	Y000		66	RST	Y000					
25	OUT	T0	K20	67	OUT	T4	K20				
28	LD	T0		70	LD	T4					
29	SET	S22		71	SET	S42					
31	STL	S22		73	STL	S42					
32	SET	Y020		74	SET	Y022					
33	OUT	T1	K10	75	OUT	T5	K10				
36	LD	T1		78	LD	T5					
37	SET	S23		79	SET	S43					

图 4 – 21　指令语句表

学习小结 ▶▶

调试与运行：

（1）调整气动部分，检查气路是否正确、气压是否合理、气缸的动作速度是否合理。

（2）检查电感式接近开关的安装位置是否到位、电感式接近开关工作是否正常。

（3）检查 I/O 接线是否正确。

（4）检查光纤传感器安装是否合理、灵敏度是否合适，保证检测的可靠性。

（5）检查运行程序动作是否满足任务要求。

（6）调试各种可能出现的情况，例如，变频器的运行频率是否符合要求；金属、白色和蓝色传感器感应到工件时，传送带是否停止运行。

（7）优化程序。

【思考与练习】

（1）总结落料光电传感器、电感式接近传感器和光纤传感器的工作原理及安装调试过程。

（2）总结变频器实现清零、运行模式设置以及各种参数设置的过程。

（3）优化系统，增加功能，具体控制要求如下：

在满足原点条件下，按启动按钮，系统开始工作。如不满足原点条件，需按下复位按钮，让系统满足原点条件后才能启动。

原点条件：分拣单元推杆一、推杆二、推杆三均处于缩回位置，传输带停止运行。

指示灯：不符合原点条件，黄灯熄灭；符合原点条件，黄灯长亮。

运行模式：系统要求有自动循环运行和单步运行两种模式。启动前通过转换开关 SA2 的状态选择系统的运行模式，在系统运行中改变 SA2 可以改变系统的运行模式。转换开关 SA2 为闭合状态时，系统为单步运行模式。

紧急停机：按下急停按钮，系统紧急停机，所有动作停止，保持当时的状态，如继续运行，松开急停按钮，系统接着急停前的状态继续运行。

指示灯：急停锁定时，红、绿灯交替闪烁（0.5s 红灯亮、绿灯灭，0.5s 红灯灭、绿灯亮）；解除急停后，红绿灯交替闪烁消失。

根据上述控制要求实现 PLC 控制系统对工件送料分拣系统的控制。

模块 4 工作页

>> **学习任务** >>>

　　分拣单元完成对上一单元送来的已加工、装配工件的分拣，使不同颜色、材质的工件从不同的料槽分流。当输送站送来工件，放到传送带上并被落料口的光电传感器检测到时，即启动变频器，工件开始送入分拣区进行分拣。下图是 SX－815E 自动化生产线分拣单元实物图。本模块要求实现对金属、白色塑料、蓝色塑料三种不同工件的准确分拣。

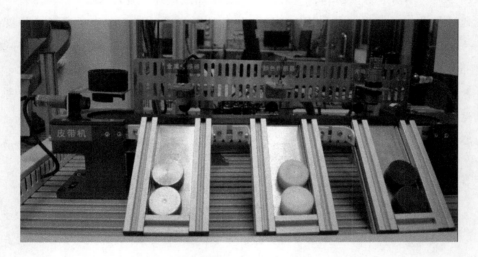

分拣单元控制系统实物图

>> **学习目标** >>>

（1）能说出光纤传感器的工作原理。

（2）能熟练使用 GX Developer 软件对分拣系统进行编程、调试、运行。

（3）能正确填写工作记录并完成检测、验收。

（4）能正确描述分拣系统的基本结构，正确分析分拣系统的工作流程。

（5）熟悉变频器操作面板，会设置各种运行模式，能设置变频器的各种参数。

（6）掌握气动回路、电气回路和整机调试方法。

工作过程

【A 分析】——分析任务，明确要求

（1）根据任务要求，画出系统工作流程图。

①传输带落料检测光电传感器检测到工件在传输带上，传输带电机启动并以高速正转。

②当电感式传感器检测到金属工件，1#推料气缸伸出，把金属工件推入第一条料槽内。

③当颜色检测传感器检测到白色工件，2#推料气缸伸出，把白色工件推入第二条料槽内。

④当电容传感器检测到蓝色工件，3#推料气缸伸出，把蓝色工件推入第三条料槽内。

（2）看图填空，选择方框中的内容填写到实物图对应的位置。

三相异步电动机	传送皮带	推料气缸	落料光电传感器
白色物料槽	金属料槽	蓝色物料槽	
金属检测传感器	颜色检测传感器	光电检测传感器	

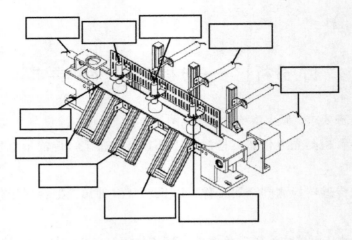

分拣单元结构实物图

停止运行键	模式切换键	启动指令键	设定确定键
运行状态指示灯 RUN	运行模式切换键	单位指示灯：Hz、A	

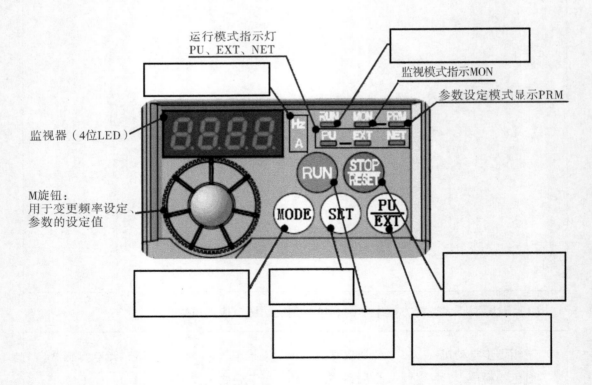

运行模式指示灯
PU、EXT、NET

监视模式指示MON

参数设定模式显示PRM

监视器（4位LED）

M旋钮：
用于变更频率设定、
参数的设定值

FR－E700 的操作面板

（3）根据任务描述填写与 PLC 选择相关的项目需求配置表。

序号	项目内容	相关数据	备注
1	开关量输入点数需求		（按系统实际使用点数填写）
2	开关量输出点数需求		（按系统实际使用点数填写）
3	开关个数需求（按钮、转换开关）		（按系统实际使用数量填写）
4	使用的磁性开关、传感器总数量		（按实际使用数量填写）
5	本气动回路的电磁阀线圈数量		（按实际使用数量填写）
6	电机控制设备数量需求（包括变频器、中间继电器）		（按系统实际使用数量填写）
7	PLC 输出形式		（按实际型号技术参数填写）
8	PLC 输入端点数		（按实际型号所含点数填写）
9	PLC 输出端点数		（按实际型号所含点数填写）
10	所使用的 PLC 型号		（按实际型号技术参数填写）
11	PLC 工作电源电压		（按实际使用电压值填写）
12	本气动回路中使用的电磁阀工作电压		（按实际型号技术参数填写）

（注：数量表示——写具体数量，没有的写"无"）

（4）根据需求配置表，结合设备情况，填写系统的输入/输出端口。

输入		输出	
功能	PLC 输入点	功能	PLC 输出点
启动按钮		传输带正转	
停止按钮		高速	
落料检测		中速	
金属工件到位检测		低速	
白色工件到位检测		1#推料杆伸/缩	
蓝色工件到位检测		2#推料杆伸/缩	
1#推料杆回缩到位		3#推料杆伸/缩	
2#推料杆回缩到位			
3#推料杆回缩到位			

【D 设计】——硬件电路

（1）根据【A 分析】阶段确定的输入/输出，绘制 PLC 接线图。

（2）变频器。

①请根据变频器各输入端子功能补充填写下表。

控制电路输入端子的功能说明

种类	端子编号	端子名称	端子功能说明	
接点输入	STF			STF、STR 信号同时为 ON 时变成停止指令
	STR			
	RH		用 RH、RM 和 RL 信号的组合可以选择多段速度	
	RM			
	RL			
	MRS		MRS 信号为 ON（20ms 或以上）时，变频器输出停止。用电磁制动器停止电机时用于断开变频器的输出	
	RES		用于解除保护电路动作时的报警输出。请使 RES 信号处于 ON 状态 0.1s 或以上，然后断开 初始设定为始终可进行复位。但进行了 Pr.75 的设定后，仅在变频器报警发生时可进行复位。复位时间约为 1s	
	SD		接点输入端子（漏型逻辑）的公共端子	
		外部电源晶体管公共端（源型）	源型逻辑时当连接晶体管输出（即集电极开路输出），例如可编程序控制器（PLC）时，将晶体管输出用的外部电源公共端接到该端子时，可以防止因漏电引起的错误动作	
			DC24V、0.1A 电源（端子 PC）的公共输出端子，与端子 5 及端子 SE 绝缘	
	PC	外部电源晶体管公共端（漏型）（初始设定）	漏型逻辑时当连接晶体管输出（即集电极开路输出），例如可编程序控制器（PLC）时，将晶体管输出用的外部电源公共端接到该端子时，可以防止因漏电引起的错误动作	
		接点输入公共端（源型）	接点输入端子（源型逻辑）的公共端子	
		DC24V 电源	可作为 DC24V、0.1A 的电源使用	

②请根据变频器各输出端子功能补充填写下表。

控制电路接点输出端子的功能说明

种类	端子记号	端子名称	端子功能说明
继电器	A、B、C		指示变频器因保护功能动作时输出停止的1c接点输出。异常时：B-C不导通（A-C导通），正常时：B-C导通（A-C不导通）
集电极开路	RUN		变频器输出频率大于或等于启动频率（初始值0.5Hz）时为低电平，已停止或正在直流制动时为高电平
	FU		输出频率大于或等于任意设定的检测频率时为低电平，未达到时为高电平
	SE	集电极开路输出公共端	端子RUN、FU的公共端子

③变频器参数设置。

A. 变频器运行模式 Pr. 79 参数设置：把变频器从固定外部运行模式变更为组合运行模式2，并写下参数设置过程的具体步骤。

B. 变频器常用参数设置：请将变频器各参数按照下表数值进行设置，并写下参数设置过程的具体步骤。

参数号	参数意义	出厂设定	设定范围	备注
Pr. 1	上限频率	120Hz	0～120Hz	80Hz
Pr. 2	下限频率	0Hz	0～120Hz	5Hz
Pr. 4	RH	50Hz	0～400Hz	50Hz
Pr. 5	RM	30Hz	0～400Hz	30Hz
Pr. 6	RL	10Hz	0～400Hz	10Hz
Pr. 7	加速时间	5s	0～3 600/360s	2s
Pr. 8	减速时间	5s	0～3 600/360s	1s

④PLC 与变频器 7 段速运行调速。

控制要求：

7 段速	1 速	2 速	3 速	4 速	5 速	6 速	7 速
输入端子	RH	RM	RL	RM、RL	RH、RL	RH、RM	RH、RM、RL
参数号	Pr. 4	Pr. 5	Pr. 6	Pr. 24	Pr. 25	Pr. 26	Pr. 27
设定值	50Hz	30Hz	10Hz	15Hz	40Hz	25Hz	8Hz

请画出 PLC 与变频器 7 段速运行调速的外部接线图。

【D 开发】——程序设计

（1）写出 PLC 与变频器 7 段速运行调速的梯形图程序。

（2）根据【D 设计】阶段完成的硬件电路，开发程序，绘制程序流程图。

（3）将程序流程图转换为梯形图。

【I 实施】——整机调试

将程序下载到设备中试运行，并填写工作记录表。

序号	项目内容	运行情况	异常记录
1	开机		
2	下载程序		
3	指示灯显示		
4	运行情况		
5	程序修改次数		

【E 评估】——反馈

考核项目	参考内容	考核人员	考核结果	备注
工作技能 （60%）	硬件电路接线是否正确	教师		
	程序流程图绘制是否正确	组长		
	GX 软件操作是否熟练	组长		
	PLC 与电脑通信设置	组长		
	整机上电调试操作是否熟练	教师		
工作表现 （20%）	操作时间 （起： 止： ）	组长		
	无特殊原因未能及时完成任务或者拖延进度，该项为"差"	组长		
	按时完成任务者，结合工作质量，表现好的给予相应的奖励（如用时短、程序短）	教师		
	服从工作安排，积极参与讨论，提出建议以解决问题	组长		
	迟到、早退，未经批准离开工作岗位，未带学习用品，未按要求穿着工作服，本项分数为 0 分	组长		

（续上表）

考核项目	参考内容	考核人员	考核结果	备注
9S 管理 （20%）	1. 仪器、工具摆放凌乱扣 2 分 2. 借用工具不归还扣 5 分，造成损坏或遗失的作相应赔偿 3. 没有保持桌面、地面整洁扣 2 分 4. 实训完成后没有对工作场地进行清扫扣 2 分 5. 带电违规操作（不包括调试和电流测量）扣 2 分 6. 乱摔焊锡扣 1 分 7. 电烙铁烫坏仪器、操作台等扣 5 分 8. 在实训过程中打闹扣 5 分 9. 没有节约使用耗材，浪费导线、焊锡等扣 2 分 10. 没按规定操作，发生重大安全事故扣 10 分，并视事故后果追究相关责任和赔偿	组长		

【自我测试】

（1）在模块 4 的基础上，增加以下功能：

停止功能：金属、白色、蓝色传感器感应到工件后，传送带立即停止运行；1s 之后，所对应的推料气缸推出，推料气缸伸出 1s 后回缩，完成推料动作。

（2）分别写出分拣单元相关传感器的工作原理：

①落料光电传感器的工作原理。

②金属检测传感器的工作原理。

③颜色检测传感器的工作原理。

理论及实操模拟

机电一体化综合测试

班级_____ 学号_____ 姓名_____

一、单项选择题（将正确答案的序号填入括号内，每题 1 分，共 50 分）

1. 触电者伤势严重，呼吸停止或心脏停止跳动，应竭力施行（　　）和胸外心脏按压。

    A. 推拿按摩　　　　　B. 点穴　　　　　　　C. 揉肚　　　　　　　D. 人工呼吸

2. 电气设备发生火灾时，不能用（　　）。

    A. 四氯化碳灭火器　　B. 二氧化碳灭火器　　C. 1211 灭火器　　　D. 泡沫灭火器

3. 《中华人民共和国劳动法》于（　　）通过并实施。

    A. 1990 年　　　　　B. 1994 年　　　　　　C. 1998 年　　　　　D. 2002 年

4. 《中华人民共和国合同法》规定，一般合同争议提起诉讼或申请仲裁的期限为（　　）。

    A. 1 年　　　　　　　B. 2 年　　　　　　　C. 3 年　　　　　　　D. 4 年

5. PLC 系统中反馈信号一般应算作（　　）。

    A. 输入点

    B. 输出点

    C. 输入点与输出点都可以

    D. 输入点与输出点都不可以

6. 为防止干扰，PLC 输入电路一般由光电耦合电路进行电气隔离。光电耦合器由发光二极管和（　　）组成。

    A. 发光晶体管　　　　B. 红外晶体管　　　　C. 光敏晶体管　　　　D. 热敏晶体管

7. PLC 数字输入信号模式中，直流输入额定电压一般为（　　）V。

    A. 24　　　　　　　　B. 36　　　　　　　　C. 48　　　　　　　　D. 5

8. 若驱动负载为直流，而且动作频繁，应选开关量输出模块的类型为（　　　）。

  A. 继电器型　　　　B. 双向晶闸管型　　　C. 晶体管型　　　　D. 晶闸管型

9. 一台 60 点的 PLC 单元，其输出继电器点数为 24 点，则输入继电器为（　　　）点。

  A. 16　　　　　　　B. 24　　　　　　　C. 36　　　　　　　D. 48

10. 由温度传感器传送来的信号属于（　　　）。

  A. 开关量　　　　　B. 模拟量　　　　　C. 电压量　　　　　D. 电流量

11. 职业道德的核心是（　　　）。

  A. 安全第一，文明生产　　　　　　　　B. 爱岗敬业，诚实守信

  C. 刻苦学习，钻研业务　　　　　　　　D. 全心全意为人民服务的精神

12. 正弦交流电的三要素是（　　　）。

  A. 振幅、频率、初相角　　　　　　　　B. 频率、相位差、瞬时值

  C. 有效值、频率、相位差　　　　　　　D. 最大值、频率、周期

13. 三相交流电的线电压为 220V 时，各相电压为（　　　）V。

  A. 380　　　　　　B. 220　　　　　　C. 127　　　　　　D. 110

14. 三相桥式整流电路输出电压为（　　　）倍线电压。

  A. 0.9　　　　　　B. 1.35　　　　　　C. $\sqrt{2}$　　　　　　D. $\sqrt{3}$

15. 十进制数 K171 转换成十六进制数是（　　　）。

  A. HAB　　　　　　B. HCD　　　　　　C. H101　　　　　　D. H137

16. 已知串联调整稳压电源的输出直流电压为 12V，则串联调整管的耐压应大于（　　　）V。

  A. 12　　　　　　　B. 16　　　　　　　C. 20　　　　　　　D. 24

17. 与非门的逻辑功能为（　　　）。

  A. 入 0 出 0，全 1 出 1　　　　　　　B. 入 1 出 0，全 0 出 0

  C. 入 0 出 1，全 1 出 0　　　　　　　D. 入 1 出 0，全 0 出 1

18. 热继电器从热态开始通过 1.2 倍整定电流的动作时间是（　　　）分钟以内。

  A. 5　　　　　　　　B. 10　　　　　　　C. 15　　　　　　　D. 20

19. 传感器一般由（　　　）等部分组成。

  A. 敏感元件、转换元件、转换电路、辅助电源

  B. 敏感元件、放大电路

  C. 敏感元件、放大电路、传送电路

  D. 敏感元件、传送电路

20. NPN 型三极管处于放大状态时，各极电位关系是（　　　）。

  A. UC > UB > UE　　B. UC > UE > UB　　C. UB > UE > UC　　D. UE > UB > UC

21. 逻辑代数又叫布尔代数，它的变量只有（　　）两种取值。

    A. 通和断　　　　　　B. 1 和 2　　　　　　C. 1 和 0　　　　　　D. 正与负

22. 新国标行程开关的符号代号为（　　）。

    A. SW　　　　　　　B. SB　　　　　　　C. SQ　　　　　　　D. KT

23. 电路图上的图形符号应符合国家标准（　　）的规定。

    A. GB7588　　　　　B. GB4728　　　　　C. GB5094　　　　　D. GB6041

24. 图幅分区法竖边方向用（　　）编号。

    A. 大写拉丁字母　　　　　　　　　　　　B. 大写汉语拼音字母

    C. 阿拉伯数字　　　　　　　　　　　　　D. 汉语数字

25. PLC 中停电时丢失数据的存储器是（　　）。

    A. RAM　　　　　　B. ROM　　　　　　C. EPROM　　　　　D. EEPROM

26. PLC 的软元件实际上是由电子电路和（　　）组成的。

    A. 软件继电器　　　B. 映像继电器　　　C. 存储器　　　　　D. 硬继电器

27. PLC 有（　　）等寻址方式。

    A. 直接寻址　　　　　　　　　　　　　　B. 位寻址

    C. 间接寻址　　　　　　　　　　　　　　D. 直接寻址和间接寻址

28. 有一自动控制系统，经统计有 64 个输入点、50 个输出点，现选用三菱 PLC，最恰当的选择是（　　）。

    A. FX_{2N} – 128MR

    B. FX_{2N} – 64MR 另扩展 FX_{2N} – 64ER

    C. FX_{2N} – 80MR 扩展 FX_{2N} – 48ER

    D. FX_{2N} – 80MR 另扩展 FX_{2N} – 32EX、FX_{2N} – 48EYR

29. PLC 的工作原理，概括而言，PLC 是按集中输入、集中输出，周期性（　　）的方式进行工作的。

    A. 并行扫描　　　　B. 循环扫描　　　　C. 一次扫描　　　　D. 多次扫描

30. PLC 软件由（　　）和用户程序组成。

    A. 输入/输出程序　　B. 编译程序　　　　C. 监控程序　　　　D. 系统程序

31. FX_{2N} 系列 PLC 的输入、输出继电器元件编号采用（　　）。

    A. 二进制　　　　　B. 八进制　　　　　C. 十进制　　　　　D. 十六进制

32. 基本逻辑指令 SET 是令元件自保持（　　）。

    A. ON　　　　　　　B. OFF　　　　　　C. STOP　　　　　　D. RUN

33. 在状态转移图中，向相邻的状态转移，可以使用（　　）指令。

    A. OUT　　　　　　　B. SET 或 OUT　　　C. SET　　　　　　　D. MOV

34. FX 系列 PLC，1 分钟的时钟继电器为（　　）。

    A. M8012　　　　　　B. M8013　　　　　　C. M8014　　　　　　D. M8015

35. PLC 外部接点坏了，换到另外一个好的点上后，用软件中的（　　）主菜单进行操作可实现程序快速修改。

    A. 编辑　　　　　　　B. 替换　　　　　　　C. 监控　　　　　　　D. 工具

36. PLC 的一输出继电器控制的接触器不动作，检查发现对应的继电器指示灯亮。下列对故障的分析不正确的是（　　）。

    A. 接触器故障　　　　B. 端子接触不良　　　C. 输出继电器故障　　D. 软件故障

37. 电气原理图中所有电器元件都应采用国家标准中统一规定的图形符号和（　　）表示。

    A. 外形符号　　　　　B. 电气符号　　　　　C. 文字符号　　　　　D. 数字符号

38. 用万用表测量显示出来的电流、电压值为（　　）。

    A. 最大值　　　　　　B. 平均值　　　　　　C. 有效值　　　　　　D. 瞬时值

39. 每次排除常用电气设备的电气故障后，应及时总结经验，并（　　）。

    A. 做好维修记录　　　　　　　　　　　B. 清理现场

    C. 通气试验　　　　　　　　　　　　　D. 移交操作者使用

40. 数字式万用表的电池没电后不能测量（　　）。

    A. 电压　　　　　　　　　　　　　　　B. 电流

    C. 电阻　　　　　　　　　　　　　　　D. 电压、电流、电阻等

41. FX 系列 PLC 中，T100 是（　　）。

    A. 计数器　　　　　　B. 高速计数器　　　　C. 定时器　　　　　　D. 辅助继电器

42. PLC 内部元器件触点的使用次数为（　　）。

    A. 1 次　　　　　　　B. 10 次　　　　　　C. 100 次　　　　　　D. 无限次

43. 下列三菱指令语句表选项中表述错误的是（　　）。

    A. LD　S10　　　　　B. OUT　X001　　　　C. SET　Y001　　　　D. OR　T10

44. 梯形图编程的基本规则中，下列说法不对的是（　　）。

    A. 触点不能放在线圈的右边

    B. 线圈不能直接连接在左边的母线上

    C. 双线圈输出容易引起误操作，应尽量避免线圈重复使用

    D. 梯形图中的触点与继电器线圈均可以任意串联或并联

45. IEC 61131 - 3 标准的 5 种编程语言中，属于图形化语言的是（　　）。

    A. 梯形图和结构文本　　　　　　　　　B. 梯形图和功能块图

    C. 功能块图和顺序功能图　　　　　　　D. 梯形图、顺序功能图和功能块图

46. PLC 程序中电机的正反转控制除程序需要（　　）外，还需要控制正反转的继电器的联锁。

    A. 自锁　　　　　　　B. 互锁　　　　　　　C. 保持　　　　　　　D. 联动

47. 步进顺控指令的操作对象为（　　）。

    A. 输入继电器　　　　B. 输出继电器　　　　C. 状态继电器　　　　D. 辅助继电器

48. FX 系列 PLC 中 LDF 表示（　　）。

    A. 取下降沿指令　　　　　　　　　　　　　　B. 取上升沿指令

    C. 取上升沿微分指令　　　　　　　　　　　　D. 取下降沿微分指令

49. 下面指令语句表正确的是（　　）。

A.	B.	C.	D.

A.
```
LDI   X0
OR    X1
LD    X2
ORI   X3
OUT   T0
      K5
```

B.
```
LDI   X0
OR    X1
LD    X2
ORI   X3
ANB   T0
      K5
```

C.
```
LDI   X0
OR    X1
LD    X2
OR    X3
ORB
OUT   T0
      K5
```

D.
```
LDI   X0
OR    X1
LD    X2
ORI   X3
ANB
OUT   T0
      K5
```

50. C235 作为减法计数，必须选择（　　）为吸合。

    A. M235　　　　　　　B. M8235　　　　　　C. D8235　　　　　　D. M8000

二、判断题（每题 1 分，共 30 分）

（　　）1. PLC 的一个重要特点就是输入、输出信号全部都经过光电耦合隔离。

（　　）2. PLC 的输入端电源由 PLC 内部提供，一般为 +5V。

（　　）3. FX_{2N} – 48MR 的意思是：有 24 个输入点、24 个输出点；扩展型；继电器输出。

（　　）4. C236 是高速计数器，脉冲信号可以由任何输入点传送给 C235 计数。

（　　）5. 变址寄存器通常用于修改软元件的元件号。

（　　）6. 并励直流电动机励磁电压等于电动机的额定电压。

（　　）7. 运动的物体压碰到行程开关时，行程开关能立即发出控制信号。

（　　）8. 只有三相绕组为 △ 接的笼型异步电动机才能用 Y—△ 换接法启动。

（　　）9. 光纤传感器一般由光源、光导纤维和信号处理系统组成。

（　　）10. 触电的危险程度完全取决于通过人体的电流大小。

（　　）11. 职业道德是同人们的职业活动紧密联系的符合职业特点所要求的道德准则、情操和道德品质的总和。

（　　）12. 用万用表测量电阻时，测量前或换挡后都必须进行调零。

（　　）13. 由于晶体二极管是单向导通的元件，因此测量出来的正向电阻值与反向电阻值相差越小越好。

（　　）14. 测量电机的对地绝缘电阻和相间绝缘电阻应使用兆欧表而不宜使用万用表。

（　　）15. 三相异步电动机的转子转速不可能大于其同步转速。

（　　）16. LD 指令是指常开触点接到主母线上，并且在分支母线也可使用。

（　　）17. PLC 绝对不允许双线圈输出。

（　　）18. 多重输出电路指令 MPS 与 MPP 必须配对使用，连续使用必须少于 8 次。

（　　）19. 基本逻辑指令是 PLC 中最基础的编程语言。掌握基本逻辑指令也就初步掌握了 PLC 的使用方法。

（　　）20. PLC 选型和 I/O 配置是 PLC 系统设计中硬件设计的重要内容。

（　　）21. PLC 的程序存储器容量通常以字（或步）为单位。

（　　）22. 状态转移图又称流程图，它是描述控制系统的控制过程、功能和特性的一种图形，是分析和设计 PLC 顺序控制的得力工具。

（　　）23. PLC 的外壳一般是用塑料制造的，所以 PLC 一般不需要接地。

（　　）24. PLC 本身有完善的自诊断功能，如出现故障，借助自诊断程序可以方便地找到出现故障的部件，更换后就可以恢复正常工作。

（　　）25. 系统程度是由 PLC 生产厂家编写的，固化在 RAM 中。

（　　）26. PLC 的用户程序是逐条执行的，执行结果依次放入输出映像寄存器。

（　　）27. 在编写 PLC 程序时，触点既可画在水平线上，也可画在垂直线上。

（　　）28. PLC 输入继电器不仅由外部输入信号驱动，也能被程序指令驱动。

（　　）29. 二进制数 00010111 转换为 BCD 数码是 00100011。

（　　）30. PLC 自动控制系统按人工干预情况可分为手动控制、单循环控制和全自动控制。

三、问答、作图题（每题 5 分，共 20 分）

1. 简述减少 PLC 输入/输出点数的方法。

2. 电路读图分析常用哪些方法？各有什么特点？

3. 简述 PLC 的构成。

4. 用 FX 型 PLC 设计一台 5.5 小时定时器，X1 为启动、X2 为停止，Y1 为输出，其余 I/O 点自定。

机电一体化实训测验

班级_____学号_____姓名_____

一、按下述各要求实现 PLC 控制系统对工件送料分拣系统的控制

1. 程序控制要求

在满足原点条件下，按启动按钮，系统开始工作。如不满足原点条件，需按下复位按钮，让系统满足原点条件后才能启动。按下停止（红色）按钮，系统完成本次程序后停止。如果系统不符合原件条件，按下复位按钮（黄色），系统将按照原点条件的要求进行有序复位，解除缺料报警。

指示灯：正常工作过程中绿灯长亮，黄灯、红灯熄灭。系统在正常停机（不包括急停）状态下，红灯长亮。复位完成后，黄灯长亮。

2. 原点条件

供料单元：放料盘处于非旋转状态，提升气缸处于下限位置，没有缺料报警；

机械手搬运单元：横臂靠近供料单元，竖臂处于上限位置，横臂处于回缩位置；气爪放松；

分拣单元：推杆一、推杆二、推杆三均处于回缩位置，传输带停止运行；

指示灯：不符合原点条件，黄灯熄灭，符合原点条件，黄灯长亮。

（1）送料电机驱动放料盘旋转，补充工件到物料提升台。工件滑到提升台后，转盘停止转动；1s 后物料提升台上升。如物料不足，无法在 5s 内补充工件到物料提升台，系统自动停机，并发出缺料报警信号。

指示灯：缺料报警期间红灯闪亮（0.5s 亮，0.5s 灭），解除缺料报警后红灯闪亮消失。

（2）机械手臂伸出，伸出到位后手臂下降。

（3）气爪夹紧，抓住工件，1s 后机械手臂上升，上升到位后回缩，回缩到位向右旋转到右限位。

（4）机械手臂向前伸出，手爪下降，气爪放松，工件下落至传输带上。

（5）机械手爪上升，手臂向后缩回，左旋转到左限位。

（6）传输带落料检测光电传感器检测到工件在传输带上，传输带电机以高速正转。当电感式传感器检测到金属工件，传送带停止运行，1#推料气缸伸出，把工件推入第一条槽内；当颜色检测传感器检测到白色工件，传送带停止运行，2#推料气缸伸出，把工件推入第二条槽内；当电容传感器检测到蓝色工件，传送带停止运行，3#推料气缸伸出，把工

推入第三条槽内。

（7）推料气缸伸出 1s 后回缩，回缩到位后物料提升台下降到下限位，完成本周期工作。

系统有自动循环运行、一次运行和单步运行三种模式，并具有缺料报警、紧急情况下手动急停等先进功能。

启动前通过转换开关 SA1、SA2 的状态选择系统的运行模式，在系统运行中改变 SA1、SA2 可以改变系统的运行模式；转换开关 SA1 处于分断状态时，系统为连续循环运行模式；转换开关 SA1 处于闭合状态时，系统为一次运行模式；转换开关 SA2 处于闭合状态时，系统为单步运行模式。

按下急停按钮，系统紧急停机，所有动作停止，保持当时的状态，如继续运行，松开急停按钮，系统接着急停前的状态继续运行。

指示灯：急停锁定时，红、绿灯交替闪烁（0.5s 红灯亮、绿灯灭，0.5s 红灯灭、绿灯亮）；解除急停后，红绿灯交替闪烁消失。

二、根据任务描述填写与 PLC 选择相关的项目需求配置表

序号	项目内容	相关数据	备注
1	所使用的 PLC 型号		（按实际型号技术参数填写）
2	PLC 输出形式		（按实际型号技术参数填写）
3	PLC 输入端点数		（按实际型号所含点数填写）
4	PLC 输出端点数		（按实际型号所含点数填写）
5	开关量输入点数需求		（按系统实际使用点数填写）
6	开关量输出点数需求		（按系统实际使用点数填写）
7	已使用的磁性开关、传感器总数量		（按实际使用数量填写）
8	指示灯个数需求		（按系统实际使用数量填写）
9	开关个数需求（按钮、转换开关）		（按系统实际使用数量填写）
10	电机控制设备数量需求（包括变频器、中间继电器）		（按系统实际使用数量填写）
11	本气动回路的电磁阀线圈数量		（按实际使用数量填写）
12	本气动回路中使用的电磁阀工作电压		（按实际型号技术参数填写）
13	PLC 工作电源电压		（按实际使用电压值填写）
14	模拟量输出通道数量需求		（按系统实际使用通道数量填写）
15	脉冲计数输入点数需求		（按系统实际使用点数填写）
16	使用其他模块（扩展单元、模块、特殊功能模块）数量		（按实际使用数量填写）

（注：数量表示——写具体数量，没有的写"无"）

三、把本项目 PLC 程序运行后的 PLC 面板上的各状态指示灯名称、状态说明选择对应的状态编号 A-G 填在表 5-1 中对应的空位上，并把需要选择指示灯的状态在"指示灯"状态栏打钩（√）

A. PLC 在运行状态

B. PLC 在停止状态

C. POWER

D. PLC 电池电压正常

E. PLC 电池电压下降

F. CPU·E

G. PROG·E

（注：如 A-G 中未列出的，请用文字说明其状态）

表 5-1　PLC 运行状态指示灯

序号	指示灯名称	指示灯	状态说明代号
1		亮（　　） 灭（　　）	PLC 已通电
2	RUN	亮	
3		闪（　　） 亮（　　） 灭（　　）	程序出错
4	BATT·V	亮	
5		亮（　　） 灭（　　）	CPU 出错

四、根据任务描述，已选择"程序一次运行"模式，并满足可运行条件，请选择 B – G 代号合理填写"程序一次运行"的部分流程图

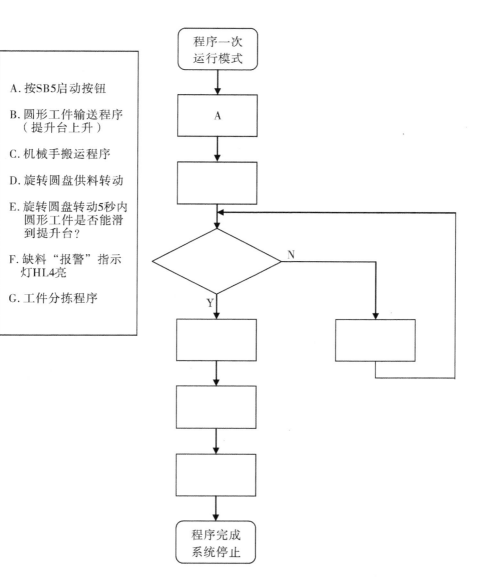

A. 按SB5启动按钮

B. 圆形工件输送程序（提升台上升）

C. 机械手搬运程序

D. 旋转圆盘供料转动

E. 旋转圆盘转动5秒内圆形工件是否能滑到提升台？

F. 缺料"报警"指示灯HL4亮

G. 工件分拣程序

图 5 – 1　"程序一次运行"的部分流程图

五、根据任务描述进行 PLC 的 I/O 地址分配，完成下面 PLC I/O 地址分配表和 I/O 接线图的填写

表 5-2　I/O 地址分配表

输入信号				输出信号			
序号	设备符号	PLC输入点	功能	序号	设备符号	PLC输出点	功能
1	SB4	X000	复位按钮	1	STF	Y000	传输带正转
2	*	X001	启动按钮	2	RH	Y001	高速
3	SB6	X002	停止按钮	3	RM	Y002	中速
4	QS	X003	急停按钮	4	RL	Y003	低速
5	SA1	X004	自动/单周期	5	HL4	Y004	黄色指示灯
6	SA2	X005	自动/单步	6	HL5	Y005	绿色指示灯
7	SC1	X006	物料检测	7	HL6	Y006	红色指示灯
8		X007		8	M1	Y007	供料转盘电机
9	SC2	X010	落料检测	9	YV0	Y010	物料提升台升/降
10	SC3	X011	*	10	YV1	Y011	机械手伸出
11	SC4	X012	白色工件到位检测	11	YV2	Y012	*
12	SC5	X013	蓝色工件到位检测	12	YV3	Y013	机械手上升
13	B1	X014	物料台上升到位	13	YV4	Y014	机械手下降
14	B2	X015	*	14	YV5	Y015	机械手左转
15	B3	X016	机械手伸出到位	15	*	Y016	机械手右转
16	B4	X017	机械手回缩到位	16	YV7	Y017	气爪夹紧/放松
17	*	X020	机械手上升到位	17	YV8	Y020	1#推料杆
18	B6	X021	机械手下降到位	18	*	Y021	2#推料杆
19	B7	X022	机械手左转到位	19	YV10	Y022	3#推料杆
20	B8	X023	*	20		Y023	
21	B9	X024	1#推料杆回缩到位	21		Y024	
22	B10	X025	2#推料杆回缩到位	22		Y025	
23	B11	X026		23		Y026	
24		X027		24		Y027	

（注：带 * 号的地方需要填写，I/O 表上有 8 处，I/O 接线图上有 5 处）

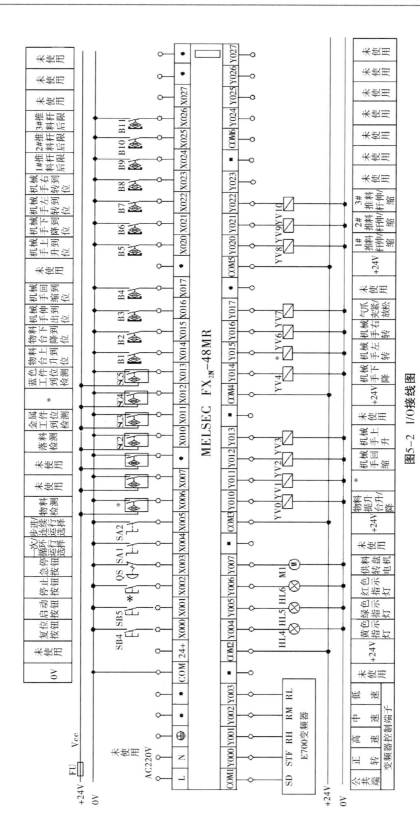

图5-2 I/O接线图